Bernd-Joachim Jungnickel u. a.:

Umformen von Kunststoffen im festen Zustand

Umformen von Kunststoffen im festen Zustand

Priv.-Doz. Dr. rer. nat. habil. Bernd-Joachim Jungnickel (Band-Hrsg.)

Dr.-Ing. habil. Karol Bielefeldt
Prof. Dr.-Ing. H. Käufer
Dipl.-Ing. K.-H. Leyrer
Prof. Dr.-Ing. Günther Mennig
Priv.-Doz. Dr. rer. nat. habil. Joachim H. Wendorff

Mit 79 Bildern

expert · Vogel

CIP-Kurztitelaufnahme der Deutschen Bibliothek

Umformen von Kunststoffen im festen Zustand /
Bernd-Joachim Jungnickel (Bd.-Hrsg.). H. Käufer ... –
Ehningen b. Böblingen: expert-Verl.; Würzburg: Vogel,
1988
ISBN 3-8169-0202-2 (expert-Verl.) kart.
ISBN 3-8023-0224-9 (Vogel) kart.
NE: Jungnickel, Bernd-Joachim [Hrsg.]; Käufer, Helmut
[Mitverf.]

ISBN 3-8023-0224-9 Vogel Verlag
ISBN 3-8169-0202-2 expert verlag

Vorwort des Band-Herausgebers

Das vorliegende Büchlein basiert auf den Manuskripten zu einem Weiterbildungskurs, den verschiedene Mitarbeiter am Deutschen Kunststoff-Institut in Darmstadt und am Kunststoff-Technikum der Technischen Universität Berlin in den Jahren 1984 und 1985 gemeinsam an der Technischen Akademie Esslingen angeboten haben. Daneben enthält es einen Beitrag von Dr. K. Bielefeldt aus Zielona Gora (Grünberg) in Polen, der mehrfach als Stipendiat der Humboldt-Stiftung in Darmstadt weilte. Die einzelnen Hauptkapitel stammen also aus der Feder verschiedener Autoren. Dies bedingt nicht nur eine gewisse Uneinheitlichkeit in Stil und Aufbau; auch einige inhaltliche Überschneidungen sind die unvermeidbare Folge. Der Leser möge dies verzeihen und den Umstand, daß verschiedene Sachverhalte vielleicht mehrfach erläutert werden, als Hinweis auf ihre Wichtigkeit nehmen. Daneben aber ermöglicht dies, die verschiedenen Kapitel weitgehend unabhängig voneinander zu studieren. Der Herausgeber hat daher – wie er glaubt, auch im Interesse des Lesers – auf eine nachträgliche Glättung der Darstellung verzichtet. Ob seine Absicht trug, mögen andere beurteilen.

Trotz seiner Entstehungsgeschichte ist dies kein Lehrbuch; es soll auch kein Nachschlagewerk sein, das auf jede Frage aus der betrieblichen Praxis oder der Verfahrensentwicklung eine umfassende und befriedigende Antwort bietet. Dafür ist sein Umfang – bedingt durch die begrenzte Dauer des einleitend erwähnten Fortbildungskurses – zu gering. Absicht der Autoren ist es vielmehr, die Einsicht zu vermitteln, daß auch in der Kunststoff-Technik nichts selbstverständlich ist und bleibt und daß es daher neben den eingeführten Verfahren der Formung, bzw. Umformung durchaus noch weitere Methoden gibt, die berechtigten Anspruch auf einen Platz in der Technik haben und die eigenständige und interessante Möglichkeiten eröffnen. Insbesondere soll gezeigt werden, daß es durchaus Fälle gibt, in denen die Kaltumformung von Kunststoffen aus werkstoffkundlichen, technischen oder wirtschaftlichen Gründen der Formung aus der Schmelze bzw. der Umformung in relativ niedrigviskoser Phase überlegen und daher vorzuziehen ist. Das vorliegende Buch will einen Überblick über das auf diesem Gebiet verfügbare technische Wissen vermitteln; daneben werden die physikalischen, rheologischen und strukturellen Randbedingungen gestreift, die die Umformbarkeit von Kunststoffen im festen Zustand steuern. Einige interessante Beispiele aus der technischen Praxis runden den Inhalt ab. Das Buch wendet sich daher an alle Ingenieure, Techniker und technischen Mitarbeiter der kunststofferzeugenden und -verarbeitenden Industrie sowie des Kunststoff-Verarbeitungsmaschinenbaus, aber auch an Studenten, die sich einen Überblick über den Stand der Technik, ihre Möglichkeiten und ihre Grenzen sowie über die wirtschaftlichen Aspekte des Umformens von Kunststoffen im festen Zustand verschaffen wollen.

Darmstadt, im September 1987 — Bernd-J. Jungnickel

Inhaltsverzeichnis

Stoffbezeichnungen

Die in diesem Buch benutzten Kurzbezeichnungen für Kunststoffe folgen soweit als möglich den Empfehlungen der ISO 1043. Insbesondere bedeuten:

ABS	Acrylnitril-Butadien-Styrol-Copolymerisat
PA	Polyamide
PC	Polycarbonat
PE	Polyethylen
PE-HD	Niederdruck-Polyethylen
PE-LD	Hochdruck-Polyethylen
PMMA	Polymethylmethacrylat
POM	Polyoxymethylen
PP	Polypropylen
PVC	Polyvinylchlorid
PS	Polystyrol
PTFE	Polytetrafluorethylen
PVAL	Polyvinylalkohol

1 Einführung

B.-J. Jungnickel

Formteile aus thermoplastischen Kunststoffen werden heute überwiegend durch Extrusion oder Spritzguß erzeugt, beides Verfahren, die mittlerweile einen hohen Grad an technischer Perfektion erlangt haben. Ein wesentlicher Charakterzug dieser Verfahren ist, daß die Thermoplaste vor der Verarbeitung in den geschmolzenen Zustand überführt werden. Die zur Formung, bzw. Umformung aufzubringende Energie wird also im wesentlichen thermisch zugeführt. Dies ist aus technischen und aus wirtschaftlichen Gründen naheliegend, da zur Erzeugung einer formbaren Masse ausreichender Homogenität aus dem meist als Granulat vorliegenden Ausgangsmaterial ein Aufschmelzen in der Regel ohnehin notwendig ist. Die niedrige Viskosität der Schmelze läßt sich dann unmittelbar zum Formen – hier: dem Urformen – ausnutzen. Jeder thermoplastische Kunststoff – diese Werkstoffgattung ist ja fast entsprechend definiert – wird also wenigstens einmal die Schmelzephase und eine der genannten Verfahrensstufen durchlaufen, ehe er als Halbzeug weiter verarbeitet oder als Fertigteil eingesetzt wird.

Auf die erwähnte niedrige Viskosität der Schmelze aber ist, so vorteilhaft sie auch im eben beschriebenen Sinne sein mag, ein sofort ersichtlicher, entscheidender, die mechanischen Eigenschaften dieser Werkstoffe betreffender Nachteil der Extrusions- und Spritzgießtechniken zurückzuführen. Sie ist nämlich eine Folge hoher, thermisch induzierter Mobilität der das Material aufbauenden Makromolekülketten. Diese Mobilität ihrerseits bewirkt aus thermodynamischen Gründen eine im wesentlichen isotrope Kettenausrichtung und dies wiederum hat zur Folge, daß die aufgrund der Festigkeit der einzelnen Kette im Prinzip möglichen mechanischen Eigenschaften makroskopisch bei weitem nicht erreicht werden. Eine makroskopische strukturelle Anisotropie, d.h. also deutliche Kettenparallelisierung und -ausrichtung, die eine entsprechende Verbesserung des Spektrums der mechanischen Eigenschaften bewirken würde, ist am einfachsten durch Deformation des Materials unter solchen thermischen Bedingen zu erzielen, unter denen die Kettenmobilität so weit wie möglich eingeschränkt ist, d.h. bei erniedrigter Temperatur. Fasern und Folien, bei denen eine ausgeprägte Anisotropie der mechanischen Eigenschaften von Vorteil ist, bei Fasern eine hohe Festigkeit in Zugrichtung, bei Folien eine solche in der Folienebene, werden daher ausnahmslos nach dem Extrudieren, bzw. Spinnen im verfestigten, aber noch erwärmten Zustand defomiert, „verstreckt", um die erwähnten Eigenschaftsverbesserungen zu erhalten. Diese Deformation erfolgt unter Zug. Aber auch hierbei muß die Temperatur noch derart gewählt werden, daß die Halbzeuge noch eine gewisse, moderate Viskosität aufweisen; eine ausreichend homogene Verformung ist sonst nicht möglich. Dies ist eine entscheidende Einschränkung. Auch bei dieser moderaten Viskosität ist nämlich längst nicht die Kettenorientierung zu erzielen, wie sie für Eigenschaften im Bereich der theoretisch denkbaren notwendig wäre. Auch lassen sich Zugspannungen technisch an massiven Körpern nur schlecht anbringen, so daß das erwähnte Verstrecken auf flächige oder faserförmige Halbzeuge beschränkt ist.

Um die Kennwerte für die mechanischen Eigenschaften gegenüber den für isotropes Material geltenden Zahlen höchstmöglich anzuheben, ist also in aller Regel das Umformen extrudierter oder spritzgegossener Urformlinge bei möglichst niedriger Temperatur erforderlich. Es gibt ferner Fälle, in denen die gewünschte Form des Fertigteils, z.B. wegen nicht realisierbarer Fließwege, nicht unmittelbar durch Urformen aus der Schmelze, sondern erst durch Umformen erzeugt werden kann. Auch hier stellt sich die Frage, ob nicht zuweilen für diese Umformung niedrigere Temperaturen als die zumeist angewandten günstiger sind. Das solcherart herausgearbeitete Problem hat natürlich neben den hier allein betrachteten technischen und werkstoffkundlichen Seiten noch einen wirtschaftlichen Aspekt. Die Berücksichtigung aller drei Facetten stellt ein Optimierungsproblem dar, das an dieser Stelle noch nicht behandelt werden kann. Vielmehr sollen diese drei Teilprobleme zunächst noch einmal genau formuliert werden. Vom Standpunkt der Technik her ist zu fragen,

- inwieweit man auf die thermische Unterstützung der Deformation verzichten und die Verformung durch Zuführung mechanischer Energie bewerkstellen kann, und
- ob durch Übergang von der Zug- zu einer Drucktechnik auch das Verstrecken kompakter Werkstücke möglich ist.

Vom Werkstoffkundlichen her stellt sich die Frage,

- welche Kunststoffe unter welchen sonstigen Bedingungen zu solch einer Umformung befähigt sind, und
- welche Eigenschaftsbilder unter diesen Bedingungen erreichbar sind und wie sie sich zu denen verhalten, die mit herkömmlicher Technologie erreicht werden.

Die dritte Frage, die nach der Wirtschaftlichkeit, läuft im wesentlichen darauf hinaus, zu untersuchen,

- unter welchen Bedingungen thermische und unter welchen mechanische Energie am preiswertesten ist; und
- mit welchen Maschinenkosten und Taktzeiten, insbesondere im Vergleich zu herkömmlicher Technik, zu rechnen ist.

Unabhängig von den drei aufgezählten Teilproblemen ist zunächst noch zu definieren, in welchen Temperaturbereichen überhaupt von Kalt-, wann von Warm- und wann von — im Prinzip ebenfalls denkbarem — Schmelzeumformen zu reden ist, wobei einmal davon abgesehen wird, daß die Schmelzephase in der Regel der Urformung dient. Es ist offensichtlich nicht sinnvoll, unter Kaltumformen nur ein Umformen bei Umgebungstemperatur zu verstehen; schließlich stellt bereits diese absolut gesehen eine Zufuhr von Wärme dar. Die Temperatur selbst fällt also als Klassifizierungsmerkmal aus. Dagegen ist die zum Umformen aufzuwendende mechanische Energie zur gegenseitigen Abgrenzung der drei erwähnten Umformmethoden, wie jetzt gezeigt werden soll, geeignet. Diese Energie hängt eindeutig vom Widerstand des Materials gegen eine Umformung und damit von dessen Elastizitätsmodul, bzw. von dessen Härte ab. Diese beiden Größen ändern sich mit der Temperatur in im Prinzip ähnlicher Weise. In Bild 1.1 sind sie als Funktion der Temperatur schematisch aufgetragen und zwar sowohl für Kunststoffe, die zur Kristallisation befähigt sind, wie beispielsweise PE oder PA, als auch für rein amorphe Polymere wie PC oder PMMA[1)]. In diesen Kurven lassen sich zwei physikalisch und eine technisch begründete Temperatur definieren. Sowohl Härte als auch Elastizität nehmen bei der sogenannten Glastemperatur T_G sprunghaft ab, oberhalb der aufgrund dann ausreichender thermischer Energie die langen Makromolekülketten beweglich werden und so ein Nachgeben des Materials gegenüber äußeren Kräften ermöglichen. Die Höhe dieses Sprunges ist bei partiell-kristallinen Thermoplasten jedoch nicht so ausgeprägt wie bei rein amorphen, da die erwähnte Kettenbeweglichkeit nur die amorphen Bereiche erreicht; die kristallinen Bereiche bleiben noch erhalten und setzen einer Umformung weiterhin Widerstand entgegen. Unterhalb der Glastemperatur sind Härte und Elastizität bei den meisten Kunststoffen nur schwach temperaturabhängig und häufig fast konstant. Oberhalb dagegen nehmen diese beiden Größen gleichmäßig und stetig weiter ab, bis bei den partiell-kristallinen Kunststoffen ein weiterer, diesmal sehr ausgeprägter Abfall kommt, der auf das Aufschmelzen der Kristalle (T_S) zurückzuführen ist. Technisch gesehen gibt es daneben noch eine „Erweichungstemperatur" T_E, bei der die Viskosität soweit abgefallen ist, daß ein praktisch widerstandsfreies Umformen möglich ist[2)]. Diese Temperatur, die bei partiell-kristallinen Thermoplasten praktisch mit der Schmelztemperatur zusammenfällt, grenzt den Bereich des Schmelzeum-, bzw. -urformens — bei höherer Temperatur — von dem des Warmumformens — bei tieferen Temperaturen — ab. Unterhalb der Glastemperatur dagegen wird man immer von Kaltumformen sprechen können. Die Grenze zwischen Kalt- und Warmumformen, die irgendwo zwischen T_G und T_E liegen muß, kann leider nicht durch eine ähnlich wie T_E hervorgehobene Temperatur gezogen werden. Sie kann gegebe-

---

1) Die in diesem Buch benutzten Kurzbezeichnungen für Kunststoffe folgen den Empfehlungen der ISA 1043, siehe Abschnitt „Stoffbezeichnungen" nach dem Inhaltsverzeichnis.

2) Die derart definierte Erweichungstemperatur muß nicht identsch sein mit der, die nach bestimmten Normen, z.B. DIN 53460, „Vicat-Erweichungstemperatur", bestimmt wird.

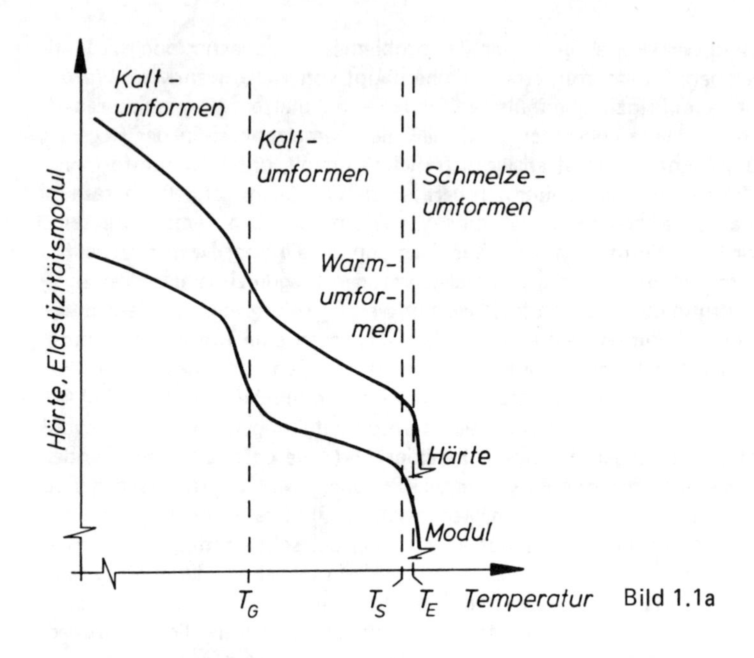

Bild 1.1a

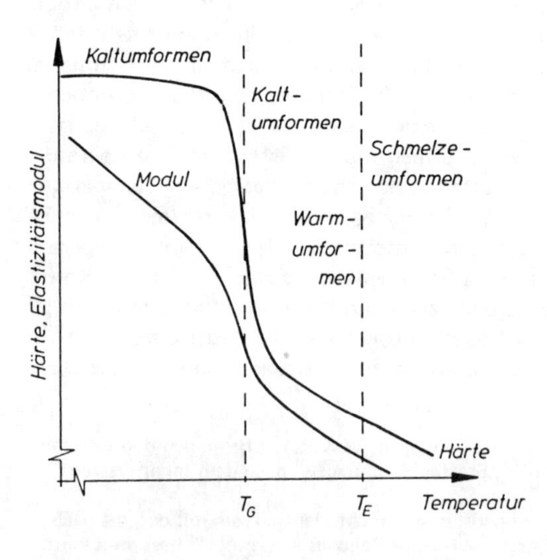

Bild 1.1a und b:
Härte und Elastizitätsmodul partiell-kristalliner (a) und amorpher (b) Thermoplaste als Funktion der Temperatur (schematisch)

Bild 1.1b

nenfalls über das technische Vorgehen festgelegt werden. So kann man z.B vereinbaren, daß alle in irgendeiner Weise durch Zugspannungen bewirkten Umformungen, sofern sie in dem genannten Temperaturbereich erfolgen, einschließlich des bereits erwähnten Verstreckens, den Warmumformungsverfahren zugerechnet werden. Bei der gleichen Temperatur, jedoch durch Druck erfolgende Umformungen (Schmieden, Walzen,. . .) werden dann den Kaltumformverfahren zugeordnet. Wenn die Glastemperatur oberhalb der normalen Umgebungstemperatur liegt, wird man gegebenenfalls von einem Kaltumformen mit Vorwärmung sprechen. Eine gewisse Willkür, auch Ungenauigkeiten oder Uneindeutigkeiten, lassen sich bei dem Versuch, die beiden Umformklassen voneinander abzugrenzen, kaum vermeiden.

Werkstoffkundlich betrachtet kann das Kaltumformen von Kunststoffen, wie weiter oben bereits angedeutet, der Verfolgung zweier Ziele dienen. Das eine ist, auch in massiven Halbzeugen durch geeignetes Vorgehen Kettenorientierungen und damit Eigenschaftsverbesserungen zu bewirken, wie man sie durch Verstrecken von Fasern oder Folien erreicht. Zum andern sollte man erwarten dürfen, daß gerade bei Fasern oder Folien durch „richtiges" Kaltumformen so hohe Kettenorientierungsgrade erzeugt werden können, daß die mechanischen Eigenschaften dieser Werkstoffe in den Bereich der durch die Hauptvalenzen zwischen den Atomen bedingten theoretisch denkbaren kommen. Beides ist in der Tat möglich. So sind durch Anwendung einiger der aus der Umformung metallischer Werkstoffe bekannten Verfahren wie Gesenkschmieden oder Walzen auch bei massiven Kunststoffen Eigenschaftsverbesserungen um das fünf- bis zehnfache gegenüber dem schmelzgeformten Ausgangsmaterial zu erzielen, ein Zuwachs, wie er für verstreckte Fasern und Folien gegenüber unverstreckten typisch ist. Es ist ferner möglich, durch geeignetes technisches Vorgehen, insbesondere durch Extrusion in der festen Phase, einerseits im Kunststoff enorm orientierende Scher- und Dehnströmungen zu erzeugen, gleichzeitig aber die Orientierungsrelaxation praktisch vollständig zu unterbinden. Dadurch erreicht man Elastizitätsmoduln, die um das fünfzigfache höher sind als die mit klassischer Verstreckung erreichbaren und schon etwa 70 % des theoretischen Grenzwertes betragen.

Anordnung und Inhalt der folgenden Kapitel orientieren sich an den soeben kurz skizzierten Sachverhalten. Wegen der Schwierigkeit, das Kaltumformen mit Vorwärmung vom technisch bereits weit verbreiteten Warmumformen abzugrenzen, folgt zunächst ein Kapitel, das sich mit dem Warmumformen befaßt und in dem insbesondere die Technik der einfachen Umformverfahren wie Biegen und Abkanten, das Zieh- und das Streckformen behandelt werden. Dies soll gleichzeitig den Übergang zu den eigentlichen Kaltumformtechniken, bzw. die sie beherrschenden werkstoffkundlichen Randbedingungen erleichtern. In den folgenden beiden Kapiteln geht es zunächst um das Massiv-Kaltumformen. Das erstere behandelt allgemeine Gesichtspunkte; es werden die verschiedenen möglichen, technischen Verfahren und die Bedingungen, die an das umzuformende Material zu stellen sind, beschrieben. Auch die Eigenschaftsbilder, die erreicht werden, werden kurz skizziert. Das zweite beschäftigt sich ausführlich mit einer als „Preßrecken“ bezeichneten Methode, deren Wirkprinzip und technischer Realisierung, den möglichen Halbzeugformen und den in einigen ausgewählten Werkstücken erzielten Eigenschaftsbildern. Ferner werden einige Wirtschaftlichkeitsbetrachtungen angestellt. Das sich daran anschließende Kapitel schließlich behandelt das Festphasenextrudieren von Fäden, Borsten oder Stäben sowie von entsprechenden, profilierten Halbzeugen. Auch hier werden die verschiedenen, mittlerweile bekannten technischen Vorgehensweisen beschrieben, die erzielbaren Eigenschaftsverbesserungen, bzw. Eigenschaftsspektren als ganzes behandelt und auf mögliche Anwendungsgebiete hingewiesen.

Da für das Verständnis der Möglichkeiten und Grenzen der Umformung im festen Zustand Grundkenntnisse der dabei geltenden physikalischen Gesetze und ein gewisses Basiswissen um die Veränderungen in den übermolekularen Strukturen unerläßlich sind, schließt das Buch mit einem Kapitel, das sich einführend mit diesen beiden Themenkomplexen befaßt.

2 Einführung in das Warmumformen von thermoplastischen Kunststoffen

G. Mennig

2.1 Einführung

Während bei den Urformverfahren von einem formlosen Rohmaterial ausgegangen wird, liegt beim Umformen immer schon ein Ausgangsprodukt mit definierter Gestalt vor, das sogenannte Halbzeug. Dieses können Folien, Platten, aber auch Rohre oder Profile sein, die in der Regel durch einen kontinuierlichen Prozeß hergestellt wurden. Speziell bei den Warmformverfahren wird das Halbzeug durch Zufuhr von Wärme ganz oder bereichsweise in einen Zustand gebracht, in dem es dann unter Krafteinleitung verformt werden kann. Diese Verformung wird durch Abkühlen „eingefroren". d.h. in ihrer Gestalt fixiert. Wird das so geschaffene Formteil erneut erwärmt, so werden die eingefrorenen Formungsspannungen wieder frei und bewirken eine Rückstellung – im Idealfall bis auf die Gestalt des ursprünglichen Halbzeugs. Das Warmformen bewirkt darüber hinaus deutliche Eigenschaftsveränderungen gegenüber dem Grundmaterial. Normalerweise eignen sich nur Thermoplaste für das Warmformen. In Sonderfällen wird auch nicht voll ausgehärtetes Halbzeug (Duroplaste), z.B. Dekorationsplatten, auf diese Weise verarbeitet.

Das Warmformen ist zwar kein neues Verfahren; naheliegenderweise konnte es sich aber erst nach der Markteinführung der thermoplastischen Materialien entwickeln. Eine breitere technische Anwendung fand es erst in den 50er Jahren. Ein typischer Anwendungsbereich war und ist die Verpackungsindustrie. Daneben werden z.B. ganze Türteile von Kühlschränken und Kofferschalen geformt. Eine weitere Anwendung ist im Rohrleitungs- (Rohrmuffen) und Behälterbau zu finden, wo häufig noch durch Handarbeit korrosionsfeste Apparaturen durch Abkanten, Biegen, Schweißen und Kleben erstellt werden. Obwohl das Warmformen nie ganz das Interesse weckte, das beispielsweise dem Spritzgießen entgegengebracht wird, und auch kaum an Forschungsinstituten verfolgt wird, was sich auch in der geringen Zahl meist älterer Fachbücher ausdrückt (1, 2, 3), hat es sich sozusagen in aller Stille zu einem sehr modernen Fertigungsgebiet weiterentwickelt, in dem Begriffe wie Mikrocomputer und flexible Automatisierung nicht fremd sind.

2.2 Werkstoffe

Beim Warmformen macht man sich zunutze, daß Thermoplaste unter Zufuhr von Wärme reversibel in einen dehnfähigen, formbaren Zustand zu bringen sind. In Bild 2.1 ist dieses Verhalten gemäß DIN 7724 in Form des Schubmoduls bzw. des mechanischen Verlustfaktors (Dämpfung) als Funktion der Temperatur dargestellt. Man unterscheidet drei Bereiche: energieelastisches, entropieelastisches und viskoses Verhalten. Die jeweiligen Übergänge werden Glastemperatur und Schmelztemperatur genannt. Im Bereich der Energieelastizität (auch Stahlelastizität) sind die Bewegungen der Makromoleküle sehr eingeschränkt. Man spricht von einem eingefrorenen Zustand. Im Bereich der Glasübergangstemperatur fällt der Schubmodul um zwei bis drei Zehnerpotenzen in den Bereich der Entropieelastizität (auch Gummielastizität) ab. Bei weiterer Zufuhr von Wärme kommt man in den Bereich des viskosen Fließens, das auf irreversiblen Verschiebungen benachbarter Molekülketten beruht. Die genannten Bereiche sind in der Regel nicht scharf gegeneinander abgegrenzt.

Das Warmformen erfolgt im Bereich der Entropieelastizität. Da die Molekülketten stets miteinander verhakt sind, werden sie bei einer Deformation verstreckt und durch nachfolgendes Abkühlen in diesem Zustand fixiert (eingefrorene Orientierung). Ein Erwärmen auf Temperaturen oberhalb der Einfriertemperatur löst im Idealfall die gleichen Spannungen aus, die bei der Verformung vorlagen. Treten bei diesem Prozeß keine zusätzlichen Kräfte auf, dann nimmt

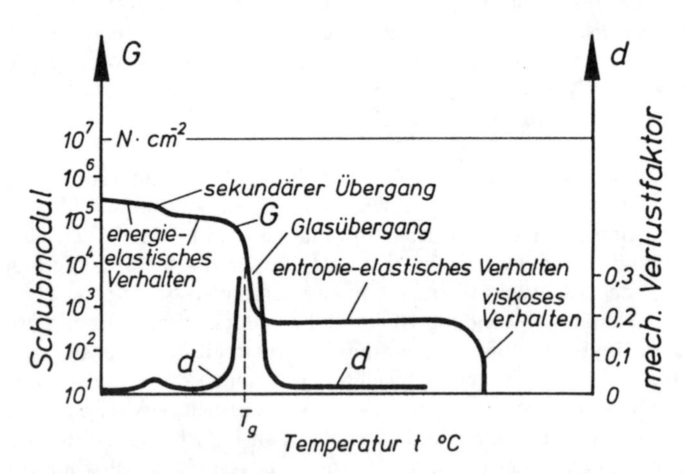

Bild 2.1: Schematische Darstellung der Zustands- und Übergangsbereiche amorpher, hochpolymerer Werkstoffe anhand des Temperaturverlaufs des Schubmoduls G und des mechanischen Verlustfaktors d

das geformte Teil wieder die ursprüngliche Gestalt des Halbzeugs an, wobei die Molekülketten wieder in ihre thermodynamisch wahrscheinlichste, verknäuelte Gestalt zurückkehren (Erinnerungsvermögen, Memory-Effekt). Das Ausmaß der eingefrorenen Orientierung hängt von der Verstreckung und von der Temperatur ab. Je höher die Temperatur, um so leichter können sich die als Vernetzungsstellen wirksamen Verhakungen der Molekülketten lösen. Das aber bedeutet, daß mit steigender Temperatur die elastische Verformung von einer plastischen, irreversiblen Verformung überlagert wird. Diese gleichermaßen für den Verarbeitungsprozeß, aber auch für die Gebrauchseigenschaften der so hergestellten Endprodukte wichtigen Zusammenhänge können in vereinfachter Form anhand von mechanischen Modellen für das Stoffverhalten demonstriert werden. Das reine

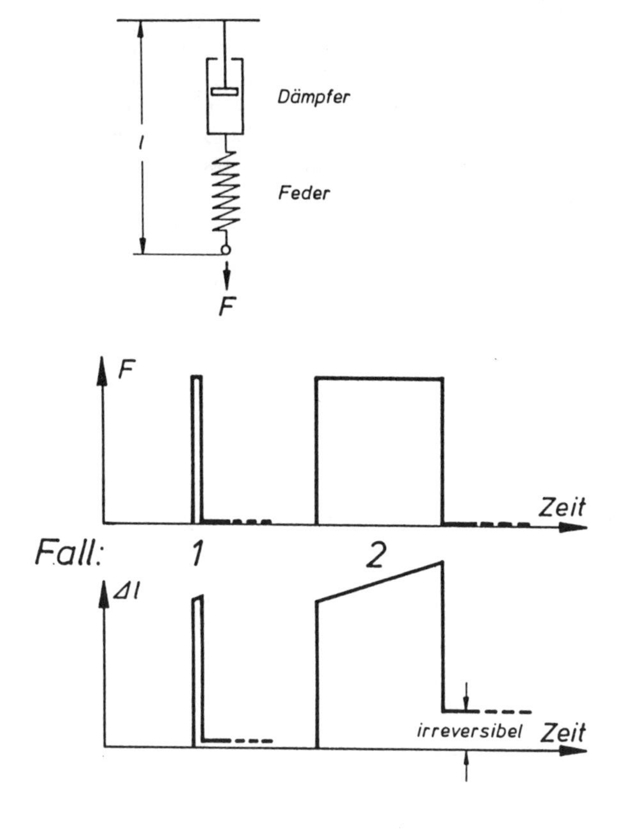

Bild 2.2: Reaktion des Maxwell-Modells auf unterschiedliche Belastungen

viskose Fließen wird hierbei durch einen Dämpfer und die Elastizität durch eine Feder dargestellt. Die Kombination dieser Elemente führt im einfachsten Fall für die Serienschaltung zum sogenannten Maxwell-Modell (Bild 2.2). Hierbei ist die unter kurzzeitiger Krafteinwirkung erfolgende spontane Längung (entspricht Verformung) nach Wegnahme der Kraft vollständig reversibel, weil nur die Feder angesprochen wurde (Fall 1). Jede Lageveränderung des Dämpfers hingegen führt zu irreversiblen Deformationen (Fall 2). Aus dieser grundsätzlichen Erkenntnis lassen sich nun Richtlinien für die Verarbeitungspraxis in bezug auf die gewünschten Werkstückeigenschaften gewinnen.

Bei teilkristallinen Thermoplasten sind die Verhältnisse anders als bei den amorphen Materialien. Hier kommt es bei der Glasübergangstemperatur nicht zu dem deutlichen Abfall des Schubmoduls, weil die kristallinen Bereiche erst bei der wesentlich höheren Kristallitschmelztemperatur aufschmelzen. Um mit ähnlich niedrigen Kräften wie bei den amorphen Thermoplasten umformen zu können, muß die Verarbeitungstemperatur daher dicht unterhalb oder überhalb des Kristallitschmelzbereiches liegen (siehe [4]).

Thermoplaste lassen sich im gummieleastischen Zustand nicht beliebig dehnen oder verstrecken. Das wird illustriert durch Bild 2.3, in dem der Verlauf von Zugfestigkeit und Dehnung beim Bruch als Funktion der Temperatur für ein Hart-PVC dargestellt ist. Dabei zeigt die Bruchdehnung ein Maximum. Bei Temperaturen oberhalb des Maximums wird das Material immer weniger verformbar,

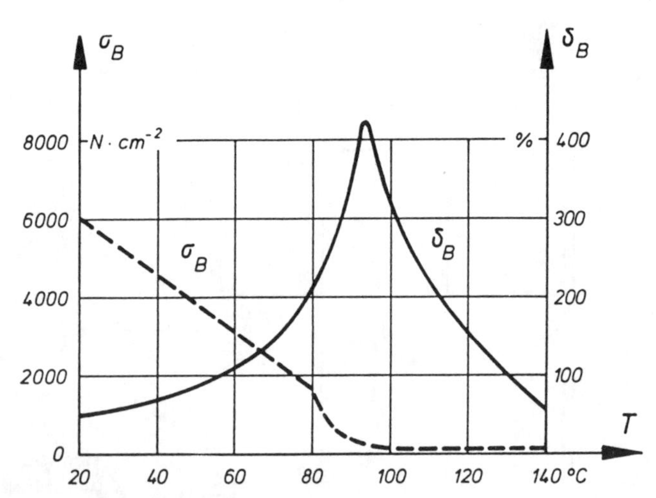

Bild 2.3: Zugfestigkeit σ_B und Dehnung δ_B beim Bruch von Hart-PVC in Abhängigkeit von der Temperatur (1)

man spricht von Warmversprödung. Der praktische Arbeitsbereich wird also immer bei Temperaturen unterhalb des Bruchdehnungsmaximums zu wählen sein. Ähnliche materialgegebene Grenzen sind auch bei anderen Werkstoffen zu finden.

Die jeweiligen Arbeitsbedingungen hängen vom gewünschten Umformgrad und der Forderung nach geringem Rückstellbestreben ab. Generell gilt, daß ein hoher Umformgrad eine niedere Umformtemperatur bedingt, während geringes Rückstellbestreben eine höhere Umformtemperatur erfordert. Je nach Anwendungsfall müssen diese gegensätzlichen Forderungen optimiert werden. In der folgenden Tabelle 2.1 sind für einige wichtige amorphe Thermoplaste die Bereiche der Umformtemperaturen angegeben, in denen die höchsten (I), mittlere (II) und geringe (III) Umformgrade gegeben sind. (Umgekehrt ist im Bereich III das Rückstellbestreben gering und damit die Wärmeformbeständigkeit gut.)

Tab. 2.1: Umformtemperaturbereiche amorpher Thermoplaste (3)

Werkstoff	Umformtemperaturen in °C		
	Bereich I	Bereich II	Bereich III
ABS	100–120	120–135	135–150
AMMA	125–135	135–145	145–165
PMMA	130–140	140–150	150–170
PC	130–140	140–160	160–170
PS	95–115	115–125	125–135
PVC	90–105	105–120	120–150

Bei den teilkristallinen Materialien gilt, daß unterhalb des Kristallitschmelzbereiches gearbeitet wird, wenn nur partielle Erwärmung des Halbzeugs gewünscht wird, während oberhalb des Kristallitschmelzbereiches bei vollständiger Erwärmung des Halbzeugs höhere Umformgrade zu erzielen sind.

Neben diesen eigentlichen Umformeigenschaften ist aber auch das Werkstoffverhalten in bezug auf die dem Umformen vorangehende Erwärmung von Interesse. In der überwiegenden Zahl aller Fälle wird durch Wärmestrahlung aufgeheizt. Gegenüber der Kontaktheizung und der Konvektionsheizung findet dabei wegen des Eindringens der Strahlung der Wärmeübergang nicht nur an der Oberfläche statt. In Bild 2.4 ist für schlagfestes Polystyrol die Strahlungsdurchlässigkeit als Funktion der Wellenlänge angegeben. Deutlich kann dieser Abbildung entnommen werden, daß sich das Material bei Wellenlängen von ca. 3,2 bis 3,6 und 6,7

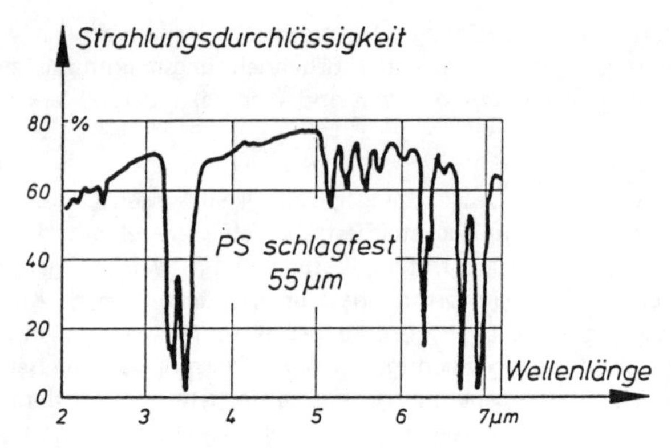

Bild 2.4: Strahlungsdurchlässigkeit von schlagfestem Polystyrol (3)

bis 7,1 µm am besten aufheizen läßt. Da diese Bereiche nicht für alle Thermoplaste identisch sind, muß die Wellenlänge des Strahlers auf das Absorptionsmaximum des jeweiligen Kunststoffes abgestimmt werden, um ein Maximum an Strahlungabsorption und damit Energieumsetzung zu erreichen.

Warmgeformte Teile weisen wegen der eingefrorenen Orientierung der Molekülketten und der kristallinen Bereiche eine Anisotropie der mechanischen Eigenschaften auf. In Verstreckrichtung ist die Festigkeit deutlich angewachsen, während sie senkrecht dazu meist geringfügig niedriger ist als im isotropen Material. Durch eine nach allen Richtungen gleichmäßige Verstreckung werden die Molekülketten parallel zur Oberfläche in allen Richtungen orientiert, d.h. man erreicht eine Festigkeitszunahme in allen Richtungen mit Ausnahme senkrecht zur Oberfläche. Hohe Verstreckgrade können in Kombination mit bestimmten Gebrauchsbelastungen spannungsrißausbildend wirken.

2.3 Fertigungsverfahren

Die Grundverfahren der Umformtechnik thermoplastischer Kunststoffe lassen sich nach VDI-Richtlinie 2008 (s. auch DIN 8580) in folgende Gruppen zusammenfassen:

- Biegeumformen
- Druckumformen
- Zugumformen
- Zugdruckumformen.

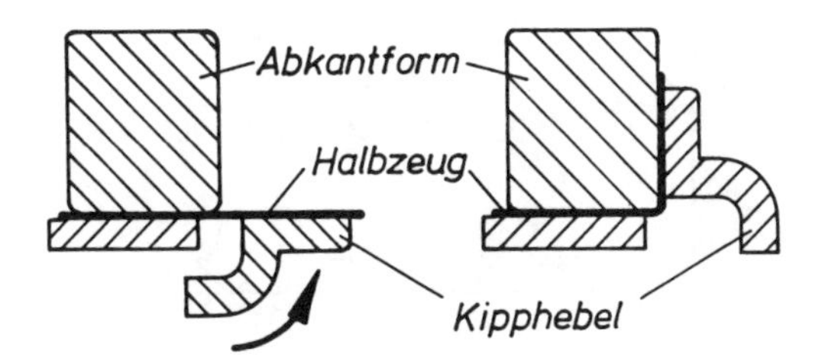

Bilder 2.5a und b:
Biegeumformen

Bild 2.5a:
Abkanten von Tafeln

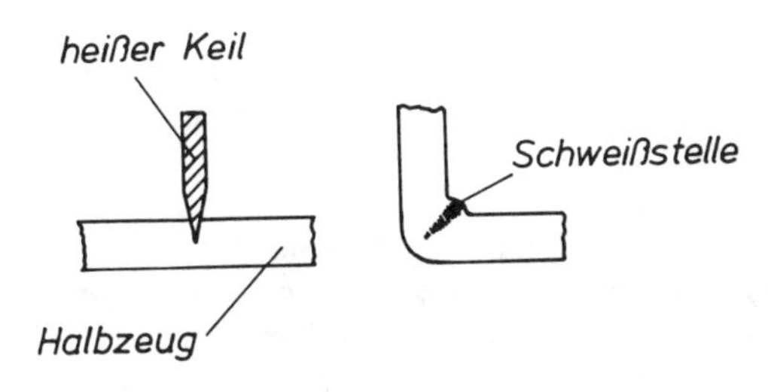

Bild 2.5b:
Abkantschweißen

Beim Biegeumformen treten nur geringe Umformgrade (und damit auch geringe Werkstoffänderungen) auf. Zu dieser Gruppe zählt das Abkanten, das schematisch in Bild 2.5 dargestellt ist. Eine Sonderform, das sogenannte Abkantschweißen (Bild 2.5b), stellt eine Kombination mit dem Fügeverfahren Schweißen dar. Weiter zählen hierzu das Biegen z.B. von Tafeln über gekrümmte Oberflächen und auch das Bördeln von Rohren, Profilen, Tafeln oder Folien. Diese Verfahren sind auch heute noch mit sehr viel Handarbeit verbunden.

Unter Druckumformen versteht man das Prägen, das Rändeln und das Stauchen. Der Werkstoff und/oder das Werkzeug werden auf Umformtemperatur erwärmt. Das Umformen und Abkühlen erfolgt unter Druck.

Bei dem unter das Zugumformen eingeordneten Streckziehen wird mit einem festen Niederhalter gearbeitet, was in der Regel weitgehend veränderte Wanddicken bewirkt, während bei dem dem Zugdruckumformen zuzuordnenden Tiefziehen ein federnder Niederhalter benutzt wird, so daß der Werkstoff nachgleiten kann und eine annähernd gleichbleibende Wanddicke des Fertigteils erzielt wird. Für beide Verfahren besteht in den einzelnen Verfahrensschritten wie auch den Elementen der Verarbeitungsmaschinen in vielen Bereichen Identität, so daß im folgenden nur noch nach dem in beiden Fällen möglichen Negativ- und Positivformen unterschieden werden soll. Das jeweilige Grundprinzip dieser beiden Formungsarten ist in Bild 2.6 dargestellt. Bei der Negativformung wird in einen Formhohlraum hineingearbeitet, während bei der Positivformung

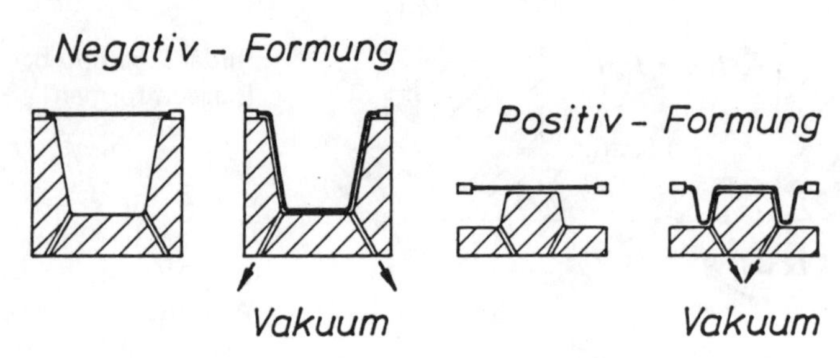

Bild 2.6: Grundprinzip von Negativ- und Positivformung (5)

eine erhabene Formkontur benutzt wird. Dabei ist es gleichgültig, ob die Verstreckung oder die Verformung mittels Stempel, Gas- oder Flüssigkeitsdruck oder Kombinationen dieser Arten bewirkt wird.

Das einfache Negativ-Verfahren in Form von Streckziehen ist nur für Teile mit geringem Ziehverhältnis anwendbar, da sonst Ecken und Kanten zu dünn werden. Um bei tiefen Teilen eine besssere Materialverteilung zu bekommen, kann ein Oberstempel benutzt werden, durch den die Platte vorgedehnt wird. Damit wird genügend Material in die Nähe des Formbodens gebracht, so daß die Seitenwände und der Boden gleichmäßiger ausgebildet werden (Bild 2.7). Hierbei handelt es sich schon um ein kombiniertes Verfahren (Stempel und Druckluft oder Vakuum), wie es in der Praxis in den verschiedensten Varianten anzutreffen ist. Beispielsweise könnte durch den zusätzlichen Arbeitsschritt „Pneumatisches Vorstrecken gegen den Stempel" bei dem in Bild 2.7 gezeigten Vorgang eine weitere Verbesserung der Wanddickenverteilung erzielt werden. In Bild 2.8

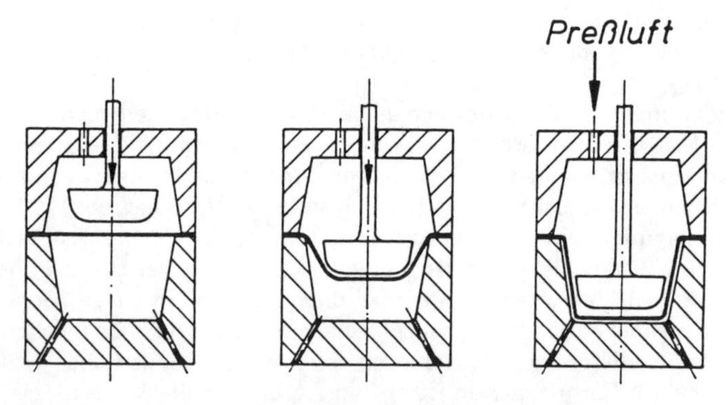

Bild 2.7: Negativformung mit mechanischem Vorstrecken (5)

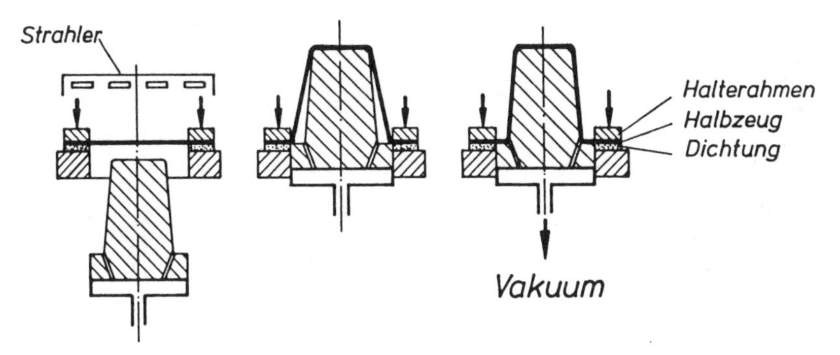

Bild 2.8a: Mechanische Vorstreckung

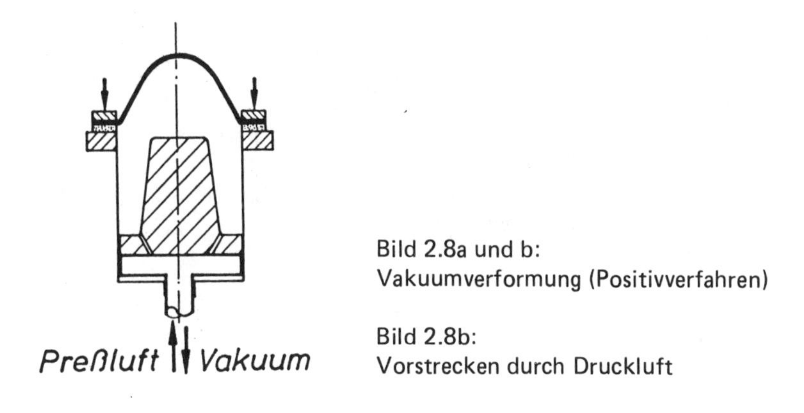

Bild 2.8a und b:
Vakuumverformung (Positivverfahren)

Bild 2.8b:
Vorstrecken durch Druckluft

wird dies noch einmal anhand eines Positivverfahrens demonstriert: im ersten Fall a) mit mechanischer Vorstreckung und im zweiten Fall b) mit pneumatischem (und gegebenenfalls zusätzlichem mechanischem) Vorstrecken.

Eine sehr detaillierte Zusammenstellung der einzelnen Formungsmethoden sowie der Vor- und Nachteile des Negativ- und Positivformens ist in (3) zu finden.

Die erzielbare Wandstärkenverteilung hängt aber nicht nur vom gewählten Verfahren, sondern zu einem gewissen Grade auch von der Folienstärke und vom Ziehverhältnis H : D (Höhe bzw. Tiefe : Durchmesser) ab (Bild 2.9). Deutlich ist zu sehen, daß durch den Einsatz eines Stempels die Wanddickenunterschiede verringert werden, jedoch mit steigendem Ziehverhältnis naturgemäß anwachsen Die maximal erreichbaren Verformungen hängen vom Material, der thermisch-rheologischen Vorgeschichte und den Umformtemperaturen ab, so daß hierfür keine exakten Grenzwerte angegeben werden können.

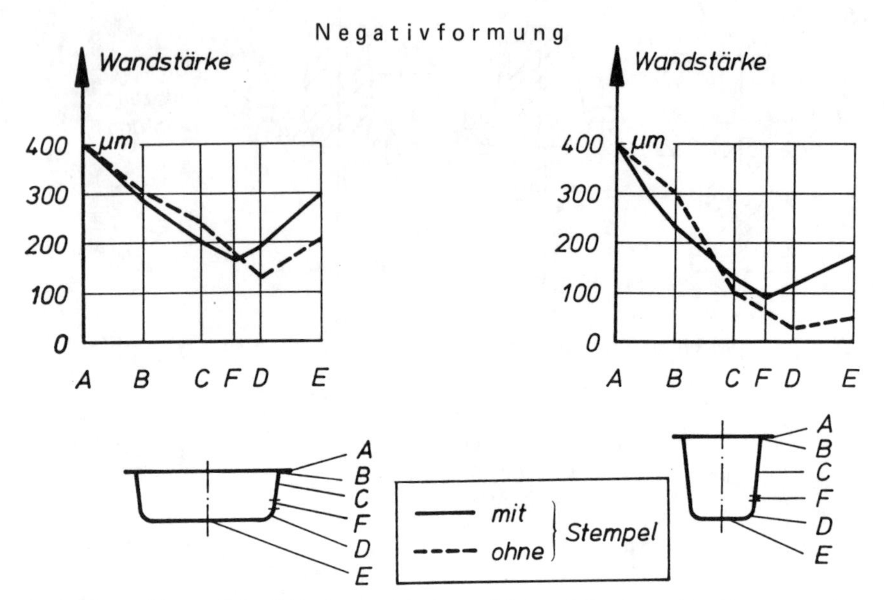

Bild 2.9: Wandstärke W bei verschiedenen Ziehverhältnissen H : D, mit und ohne Oberstempel für Negativverfahren (6)

2.4 Ausblick

Vor einigen Jahren noch konnte beobachtet werden, daß das Warmumformen gegenüber den Urformverfahren an Boden verlor. Sogar im ureigensten Bereich des Warmformens, der Verpackungsindustrie, waren und sind z.B. spritzgegossene gegenüber warmgeformten Joghurtbechern konkurrenzfähig (s.a. [7]). In der jüngeren Vergangenheit scheint sich dieser Trend allerdings nicht fortzusetzen. Ein Indiz dafür ist die von Mal zu Mal steigende Zahl von warmgeformten Teilen, die beim Wettbewerb des Fachverbandes Technische Teile, Frankfurt, für herausragende technische Produkte mit Preisen ausgezeichnet werden. Ein sehr gutes Beispiel stellt ein 1983 prämiiertes warmgeformtes Gehäuseteil (8) dar, bei dem selbst der Fachmann aufgrund der exzellenten Oberflächenqualität und der Konturfeinheiten (warmgeformte Kühlschlitze) erst auf den zweiten Blick feststellen kann, daß es sich nicht um ein Spritzgießteil handelt (Bild 2.10). Mitverantwortlich für diese Entwicklung ist nicht zuletzt die konsequente Einführung moderner Technologien in den Maschinenbau, was z.B. bei der K'83 in Düsseldorf eindrucksvoll demonstriert wurde (9). Dabei wurden keine völlig neuen Verfahren in den Vordergrund gestellt, sondern die Weiterentwicklungen

Bild 2.10: Zweischaliges thermogeformtes Gehäuse aus Styrol-Acrylnitril-Copolymerem; Hersteller Julius Bauer, Talheim

bei bestehenden Produktionseinheiten in bezug auf Leistungssteigerung bei besserer oder gleichbleibender Qualität, kürzeren Anfahr- und Umrüstzeiten, Energieeinsparung und stärkerer Automatisierung. Ein typisches Beispiel ist der Einsatz einer Mikroprozessor-Steuerung mit Bildschirm, mit Hilfe derer das Heizstrahlerbild eingestellt, überwacht, dargestellt und gegebenenfalls verändert werden kann.

Auf verfahrenstechnischem Gebiet dürfte der On-line-Verbund von Primär- und Sekundärprozessen (Urform- und Umformverfahren) und die dadurch eingesparte Prozeßwärme den im Augenblick interessantesten Trend darstellen. Solche Anlagen, die vollautomatisch vom Granulat bis zum ausgestanzten Fertigteil führen, und bei denen gegebenenfalls auch der Abfall gemahlen wieder dem Extruder zugeführt wird, sind in Einzelfällen heute schon bis zu Durchsätzen von 500 kg/h im Einsatz.

Nicht zuletzt dürfte auch auf dem Materialsektor angesichts der immer stärkeren Bedeutung von Polymer-Mischungen, -Blends und -Legierungen mit einer Weiterentwicklung in dem Sinne zu rechnen sein, daß Mehrkomponentenprodukte speziell auf den Warmformvorgang zugeschnitten werden. Das kann sowohl die Eigenschaften des Fertigteils (Oberflächengüte, Festigkeit usw.) wie auch die Eigenschaften des Materials in bezug auf den Verformungsvorgang betreffen.

3 Allgemeine technische und werkstoffkundliche Aspekte des Kaltumformens von Kunststoffen

K. Bielefeldt, B-J. Jungnickel

3.1 Verformbarkeit

Die Verformbarkeit polymerer Werkstoffe im festen Zustand kann im weitesten Sinne definiert werden als Fähigkeit zur Änderung von Gestalt und Eigenschaften durch Einwirken äußerer mechanischer Kräfte ohne Abtragen von Teilchen und unter Beibehaltung des Materialzusammenhalts. Sie ist – bei gegebenem Material – eine Funktion externer Verformungsparameter wie Umformgeschwindigkeit und -temperatur wie auch der übermolekularen Struktur des jeweils bearbeiteten Werkstücks. Die äußeren mechanischen Kräfte bewirken einen Spannungszustand im Material, der es letztlich zur Gestaltsänderung bewegt. Ob, und wenn ja, in welchem Umfang eine solche Gestaltsänderung möglich ist, sollte im Prinzip durch die Versagenskriterien der Festigkeitslehre geklärt werden können. Diese Kriterien sind auf Kunststoffe jedoch nur bedingt übertragbar. So weisen Kunststoffe häufig eine – im Vergleich zu Metallen – ausgeprägte Kompressibilität auf. Auch ist die Querkontraktionszahl keine Konstante, sondern hängt vom Deformationszustand ab. Infolge der hohen Kompressibilität werden die Verformbarkeit und die Bedingungen, unter denen sie möglich ist, deutlich von einem eventuellen hydrostatischen Druck bestimmt. Mit zunehmendem Druck wachsen auch Streckspannung, Festigkeit und Elastizitätsmodul. Im allgemeinen ist es daher, um die Verformbarkeit eines Kunststoffs unter bestimmten äußeren Bedingungen zu ermitteln, zweckmäßiger, Simulationsversuche an einfach gestalteten Probekörpern und unter einfachen fließgeometrischen Bedingungen vorzunehmen, anstatt versagenskritische Berechnungen zu versuchen.

Die aufgezählten Komplikationen sind auf die spezifische Struktur der Thermoplaste – Aufbau aus langen Kettenmolekülen, Ausbildung typischer übermolekularer Strukturen – und auf die besonderen, thermisch nach definierten Gesetzmäßigkeiten induzierten molekularen Bewegungsmöglichkeiten zurückzuführen. Die entsprechenden Gesetzmäßigkeiten zu verstehen ist nicht allzu schwer; sie werden im Kapitel 6, „Festphasenrheologie und übermolekulare Struktur", näher erläutert.

Voraussagen über die Verformbarkeit von Thermoplasten zu machen, ist also nach dem bisher Gesagten nicht einfach. Sicher ist, daß im Prinzip für die Festphasenumformung, insbesondere für das Kaltumformen, Duroplaste und spröde Thermoplaste ungeeignet sind. Diese Kunststoffe sind charakterisiert durch eine hohe Steifigkeit und Festigkeit, sie versagen durch Sprödbruch und weisen gleichzeitig eine hohe Formstabilität auf. Dagegen sind duktile Thermoplaste gut verformbar. Bei ihnen bleibt – nach Überschreiten der Streckgrenze – die Spannung bis zu bestimmten Werten der Deformation praktisch konstant.

Die Form- und Maßstabilität von Kunststoffen ist stark vom Elastizitätsmodul des jeweiligen Materials abhängig. Kunststoffe mit hoher Elastizität – gummiartige Kunststoffe – sind daher für die Kaltumformung nicht geeignet, es sei denn, diese Elastizität übernimmt im kaltumgeformten Werkstück eine technische Funktion, wie z.B. die abdichtende Aufgabe eines Kolbens in hydraulischen Anlagen.

Eine eingehende Analyse der bekannten Versagenskriterien führt zu dem bemerkenswerten Ergebnis, daß bei Kunststoffen das Verformen unter Zugspannung, verglichen mit dem unter Druck, aus umformtechnischer Sicht in der Regel ungünstig ist (1). So gibt es polymere Werkstoffe, die unter Zugbelastung fast nicht verformbar sind, während sie unter Druckbelastung sehr wohl gut verformt werden können. Diese Verformbarkeit kann durch Überlagerung eines hydrostatischen Druckes noch erhöht werden.

Durch derartige versagenskritische Analysen kann man sich zweifellos einen gewissen Eindruck vom Verhalten verschiedener polymerer Werkstoffe unter der Wirkung der unterschiedlichsten Spannungszustände verschaffen. Sie sind aber nicht in der Lage, das Materialverhalten in einem konkreten Umformprozeß vollständig und damit ausreichend zu beschreiben, da verarbeitungstechnische Einflußgrößen, wie die Reibung zwischen Werkzeug und Werkstück, die Werkzeuggeometrie o.ä. bei ihnen nicht berücksichtigen werden.

3.2 Umformtechnik

Die vielen praktizierten oder denkbaren Umformmethoden können nach den verschiedensten Gesichtspunkten klassifiziert werden. Als sinnvoll hat es sich erwiesen, eine Einteilung hinsichtlich der Temperatur, bei der die Verformung vorgenommen wird, sowie der Dimensionalität des Spannungszustandes vorzunehmen. Auf diese Weise läßt sich zunächst zwischen Kalt-, Warm- und Schmelzum-, bzw. -urformung unterscheiden, wobei die Abgrenzung zwischen diesen Verfahren durch die Glastemperatur sowie eine geeignet definierte Erweichungs-

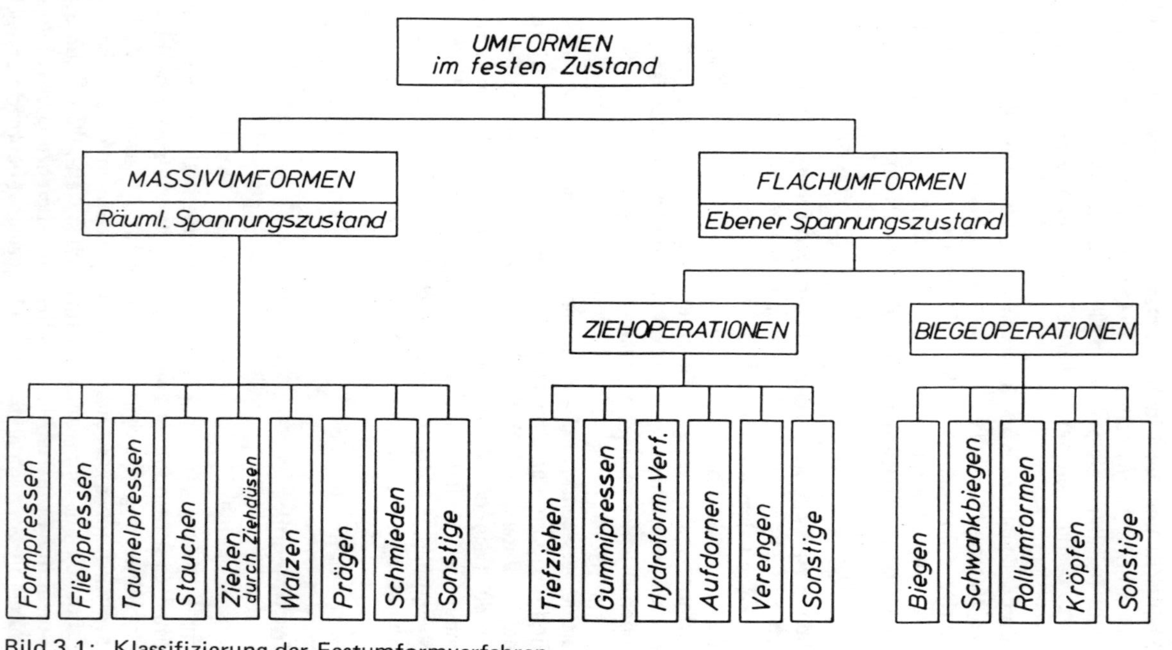

Bild 3.1: Klassifizierung der Festumformverfahren

temperatur gegeben ist (vgl. Bild 1.1). Die Erweichungstemperatur ist bei kristallisierfähigen Thermoplasten in der Nähe der Kristallitschmelztemperatur angesiedelt, während sie bei den übrigen in etwa mit der Glastemperatur identisch ist. Unter bestimmten Umständen und unter bestimmten thermischen Bedingungen – siehe Kap. 1, „Einführung" –, kann ferner von einem Kaltumformen mit Vorwärmung gesprochen werden. Maßgeblich ist die Temperatur des Halbzeugs zu Beginn des Umformens. Infolge der durch die Deformation induzierten Erwärmung kann sich nämlich während der Verformung die Temperatur durchaus über den Erweichungsbereich hinaus erhöhen. Eine derartige Vereinbarung ist praxisnah, denn den Techniker interessiert verständlicherweise mehr die zunächst zuzuführende Wärmemenge als die im Verlauf des Verformungsprozesses erzeugte.

Viele der bekannten Umformverfahren, wie z.B. das Vakuum- und das Druckluftziehen oder wie das Blasformen, sind als Warmumformverfahren anzusehen, da der Werkstoff vor der Verformung auf eine Temperatur in der Nähe der Erweichungstemperatur erwärmt wird.

Das Umformen im festen Zustand kann auch hinsihtlich des im Werkstück herrschenden Spannungszustandes klassifiziert werden (Bild 3.1). So gibt es Umformverfahren, bei denen ein räumlicher Spannungszustand vorliegt („Massivumformen") wie auch solche, die auf einem ebenen Spannungszustand („Flachumformen") basieren. Wenn beim Flachumformen die Werkstückfläche aufwickelbar ist, wird von Biegeoperationen gesprochen; im entgegengesetzten Fall spricht man von Ziehoperationen.

3.2.1 Massivumformverfahren

3.2.1.1 Formpressen[1]

Beim Formpressen wird das vorgewärmte oder sich auf Raumtemperatur befindliche Halbzeug im geschlossenen Innern eines Werkzeuges geformt. Dabei können die Konturen des Fertigteils sowohl an den Stirnflächen des Stempels (Bild 3.2a) als auch an der Matrizen-Öffnungs-Seitenfläche (Bild 3.2b) angebracht sein. Der Werkstoff ist in beiden Fällen unterschiedlichen Fließvorgängen unterworfen. Der erstgenannte Fall ist technisch günstiger, da die Fließrichtung des Werkstoffes mit der Arbeitsrichtung des Werkzeuges übereinstimmt, so daß das Fließen durch die Reibung zwischen dem Werkzeug und dem Material nicht wesentlich behindert wird. Wird dagegen durch die Geometrie des Werkzeuges ra-

1) Häufig wird für diese Umformtechnik der Begriff „Schmieden" oder „Gesenkschmieden" benutzt. Hier wird jedoch der Begriff Formpressen bevorzugt, da der Ausdruck Schmieden für eine schlagartige Verformung reserviert wird.

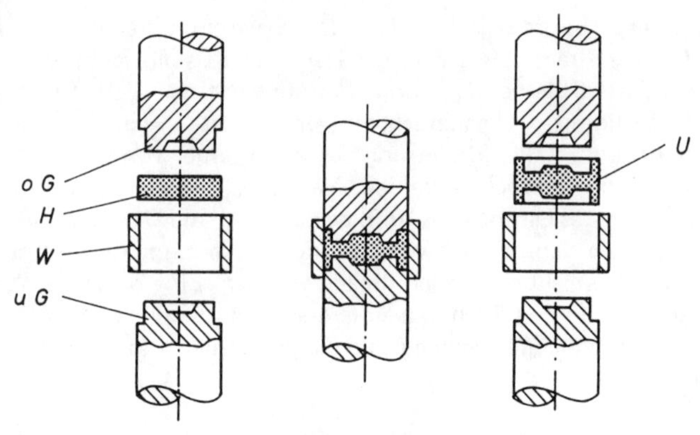

Bild 3.2a: Formpressen einer Laufrolle. Die Fließrichtung fällt mit der Werkzeugachse zusammen. oG: obere Gesenkhälfte, uG: untere Gesenkhälfte, W: Werkzeugring, H: Kunststoff-Halbzeug, U: umgeformtes Teil

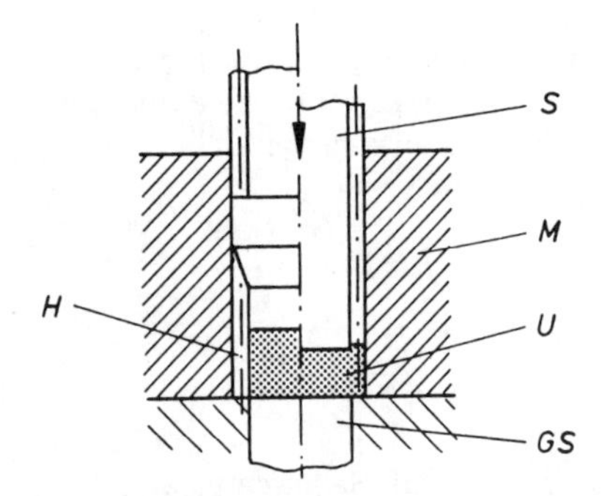

Bild 3.2b:
Formpressen eines Zahnrades. Die Fließrichtung ist senkrecht zur Werkzeugachse. S: Stempel, M: Matrize, GS: Gegenstempel, H: Kunststoff-Halbzeug, U: umgeformtes Teil

diales Fließen, d.h. ein Fließen des Werkstoffes senkrecht zur Werkzeugachse erzwungen, so behindert Reibung den Ablauf der Umformung, was technologisch ungünstig ist und die Formteilqualität negativ beeinflußt. Zur Erzielung gleicher Umformgrade sind daher – im Vergleich zum erstgenannten Fall – höhere Preßkräfte erforderlich. Gegebenenfalls kann das Fließen des Werkstoffes durch geeignete Schrägen und Abrundungen im Werkzeug unterstützt werden.

Das Formpressen ist als Warmumformverfahren technisch verbreitet, wobei Halbzeugtemperaturen von etwa 10 bis 20 K unterhalb des beginnenden Schmelzbereiches eingestellt werden. So sind bei PP Temperaturen von ca. 430 K und bei PE-HD solche von etwa 390 K zweckmäßig. Liegt die Wanddicke des

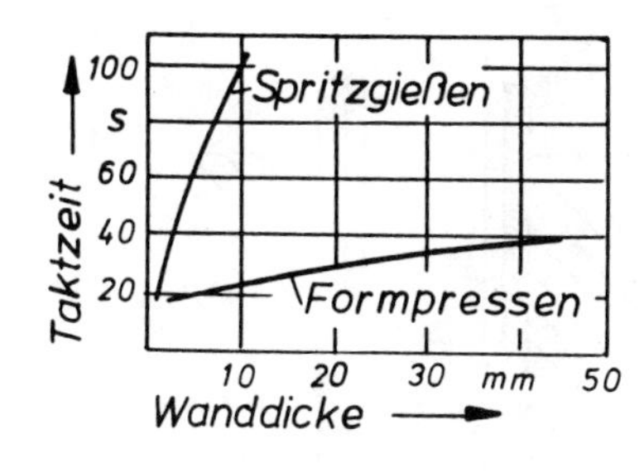

Bild 3.3: Vergleich der Taktzeiten beim Spritzgießen und beim Formpressen (nach [2])

Formteiles unter 12 mm, sollte das Werkzeug angewärmt werden. Eine Temperatur im Bereich von 320 K bis 350 K hat sich bei den genannten Kunststoffen als zweckmäßig erwiesen. Der erforderliche Umformdruck beträgt unter diesen Bedingungen etwa 30 MPa bis 100 MPa. Er steigt mit abnehmender Wanddicke des Umformlings, die 4 mm nicht unterschreiten sollte. Der Umformdruck sollte eine halbe bis eine Minute aufrechterhalten werden, um eine ausreichende Relaxation der bei der Umformung aufgebauten Spannung zu ermöglichen. Andernfalls tritt an den Fertigteilen eine unverhältnismäßig hohe Rückverformung auf. Die Taktzeiten sind beim Formpressen – im Vergleich zum Spritzgießen – relativ niedrig, da das Kühlen der Preßteile entfällt (Bild 3.3).

Die Qualität der Formteile hängt wesentlich von der Verformungsgeschwindigkeit ab; zu hohe Geschwindigkeiten wirken qualitätsmindernd. Daher werden zum Formpressen zweckmäßigerweise hydraulische Pressen verwendet.

Formpressen verbessert die mechanischen Eigenschaften der Formteile wesentlich. Die Zugfestigkeit kann – z.B. bei PE-HD – um den Faktor zwei zunehmen, die Schlagfestigkeit sogar auf das Zehnfache steigen. Auch die Kriechbeständigkeit ist gegenüber spritzgußgefertigten Teilen verbessert. Bei Belastung senkrecht zur Fließrichtung ist die (Oberflächen-) Härte erhöht.

Als weiterer Vorteil ist die Möglichkeit der Umformung auch hochmolekularer Materialien zu nennen, ferner die meist erhöhte Transparenz der Preßteile, die Vermeidung optisch hervortretender Schweißstellen mit geringer Festigkeit und der Wegfall von Nacharbeit. Nachteilig sind die sich mit abnehmender Umformtemperatur gegebenenfalls verschlechternde Maßgenauigkeit und die Notwendigkeit, auf Halbzeuge zurückgreifen zu müssen.

3.2.1.2 Fließpressen

Beim Fließpressen wird der – meist zylindrische – Rohling in eine Matrize eingelegt und mit einem Stempel durch eine beliebig gestaltete Öffnung – gegebenen-

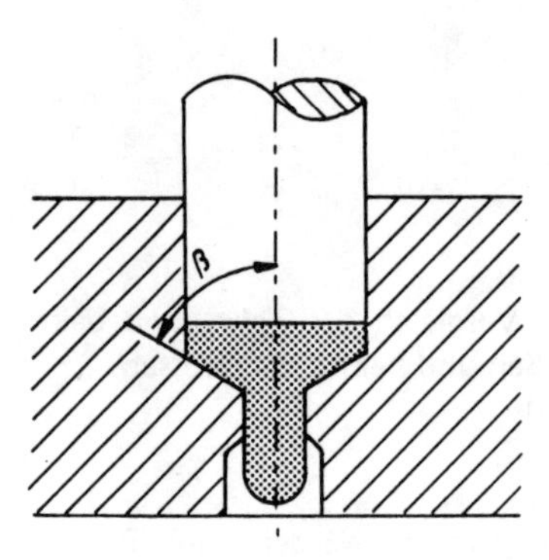

Bild 3.4a: Vorwärtsfließpressen

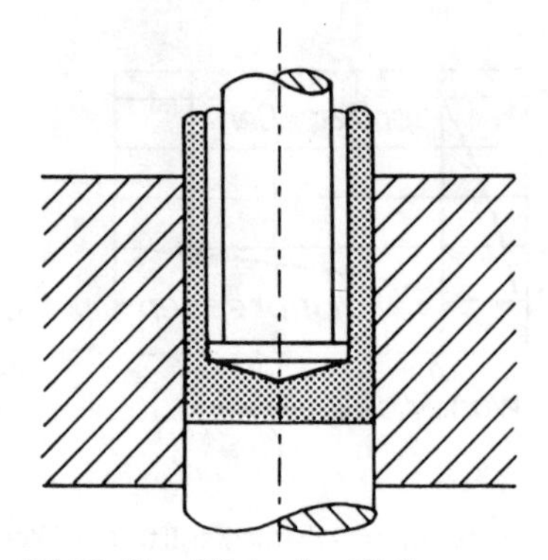

Bild 3.4b: Rückwärtsfließpressen

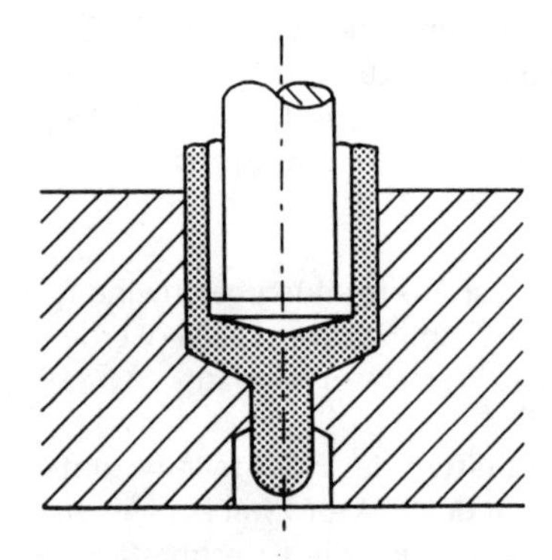

Bilder 3.4a–c:
Verschiedene Fließpreßverfahren.
Schematische Darstellung.

Bild 3.4c:
Vorwärts-Rückwärts-Fließpressen

falls eine Düse oder ein Spalt – herausgedrückt. Abhängend von der Fließrichtung des Werkstoffes im Vergleich zur Arbeitsrichtung des Stempels wird zwischen Vorwärtsfließpressen (Bild 3.4a), Rückwärtsfließpressen (Bild 3.4b) und Vorwärts-Rückwärts-Fließpressen (Bild 3.4c) unterschieden. Es ist auch möglich, das Material seitlich aus der Matrize herauszudrücken.

Die Qualität von im Fließpreßverfahren hergestellten Teilen hängt – außer natürlich vom Material – vom Umformgrad, von der Umformgeschwindigkeit und den Gleitverhältnissen an der Grenze zwischen Werkstück und Werkzeug ab. Letztere können durch Verwendung eines Schmiermittels noch deutlich verbessert werden. Unter ungünstig eingestellten Umformbedingungen können „stick-slip"-Erscheinungen auftreten, worunter man ein stoßweises Austreten des Fließgutes versteht. Beim Vorwärtsfließpressen werden bei relativ niedrigen Umformgeschwindigkeiten (wenige mm/s) und guter Schmierung noch bei Umformgraden λ = Rohlingsquerschnitt/Fertigteilquerschnitt von 5 bis 7 einwandfreie Erzeugnisse erhalten. Diese relativ hohen Verformungen werden bei Matrizenwinkeln 2ß = 60° bis 70° erreicht (siehe Bild 3.4). Bei zu hohen Umformgeschwindigkeiten (100 mm/s bis 200 mm/s) werden die Umformlinge rissig.

Der erforderliche Preßdruck ist vom Material, der Vorwärmtemperatur und vom gewünschten Verformungsgrad abhängig. Beim Vorwärtsfließpressen liegt er im Bereich von 80 MPa bis 300 MPa, während beim Rückwärtsfließpressen etwa 250 MPa bis 450 MPa erforderlich sind.

Auch beim Fließpressen erweist sich ein Vorwärmen des Halbzeuges um 10 K bis 20 K über Raumtemperatur als vorteilhaft.

Im allgemeinen wird bei fließgepreßten Kunststoffen eine Verbesserung der mechanischen Eigenschaften beobachtet. So erhöht sich die Zugfestigkeit von PA-6 und von POM bis auf das Fünffache. Gleichzeitig wird jedoch häufig festgestellt, daß sich die Druckbeanspruchbarkeit verringert.

3.2.1.3 Stauchen

Beim Stauchen wird die Höhe des Rohlings durch äußeren axialen Druck verkleinert, wodurch gleichzeitig die Querdimension örtlich oder im gesamten Material zunimmt. In Bild 3.5 sind einige unterschiedliche Stauchmethoden dargestellt. Dieses Verfahren ist zwar technisch anspruchslos, wird jedoch trotzdem als selbständige Umformmethode nur selten eingesetzt. Er dient überwiegend als Voroperation für andere Verfahren, z.B. beim Form- und beim Fließpressen.

Das Kaltstauchen wird mit Vorteil bei der Produktion von Nieten, Nägeln, Schraubenköpfen u.ä. eingesetzt. Dabei wird kontinuierlich zulaufender Kunststoffdraht in einem Kaltstauchwerkzeug mit einer Vielfachstation zunächst abgelängt und anschließend geformt. Auf diese Weise wird eine relativ hohe Produktivität erreicht (50 bis 600 Stück/min).

Die Maßgenauigkeit beim Stauchen ist recht gering; es sollte daher nur zur Formung von Teilen, bei denen die Ansprüche an die Präzision gering sind, eingesetzt werden.

Da die Umformung in der Regel zwischen zwei planparallelen Platten erfolgt, muß beim Stauchen mit hohen Reibungskräften gerechnet werden. Dies bedingt einerseits einen hohen Druckbedarf (100 MPa bis 300 MPa) und verursacht andererseits tonnenförmige Ausbuchtungen an der Mantelfläche des Umformlings.

Bei PC können Verformungsgrade bis etwa drei erreicht werden, bei POM solche bis sechs und bei PA-6 sind Werte über zehn möglich. Auch diese Zahlen hängen

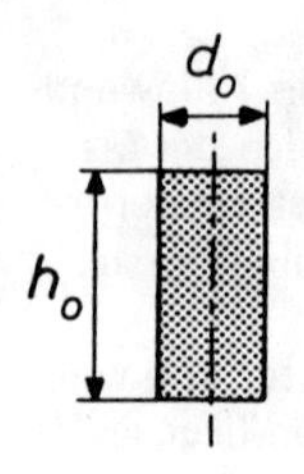

Bild 3.5a: Rohling

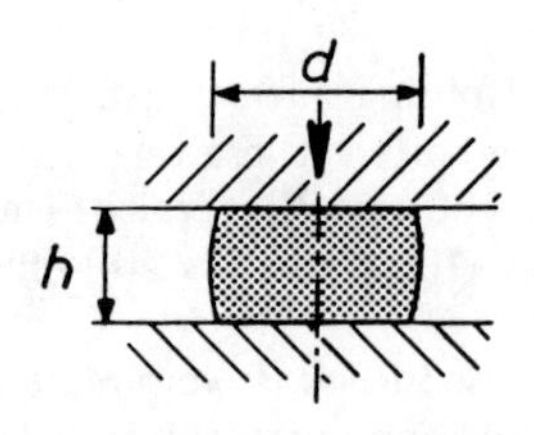

Bild 3.5b: Freies Stauchen

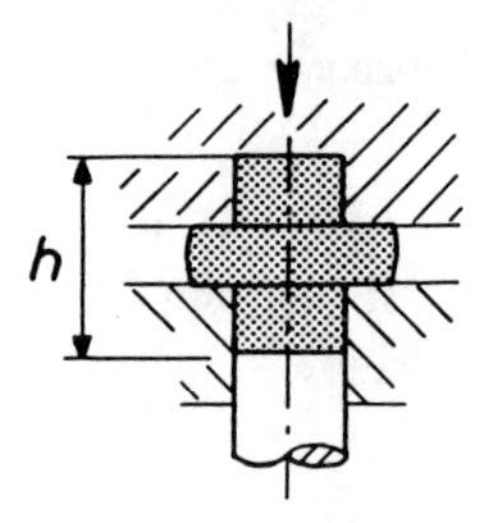

Bild 3.5c: Örtliches Stauchen I

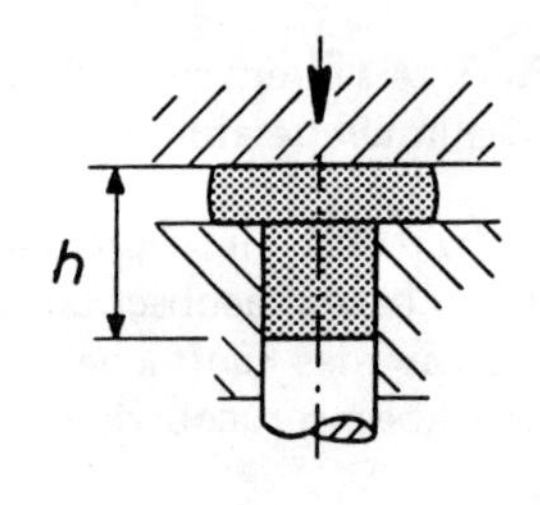

Bild 3.5d: Örtliches Stauchen II

Bilder 3.5a–d: Verschiedene Stauchverfahren. Schematische Darstellung

stark von Umformtemperatur und -geschwindigkeit ab. Daneben aber spielt auch das Verhältnis v zwischen Ausgangshöhe h_o und Ausgangsdurchmesser d_o des Halbzeugs (Bild 3.5) eine Rolle. Es sollte kleiner als zwei sein; bei kleineren Werten sind höhere Umformgrade möglich. So steigt z.B. bei PC der erreichbare Umformgrad von 2,5 bei v = 2 auf 3,3 bei v = 1,5.

3.2.1.4 Stauch-Fließpressen (13)

Die beim Stauchen nach Wegnahme der Stauchspannung häufig auftretende Retardierung der Gestalt („Rückverformung") wird bei dieser Technik durch sinnvolle Kopplung des Stauchens mit einer Fließpreß-Stufe reduziert. Das Arbeitsprinzip ist in dem Bild 3.6 dargestellt. Die Matrize besteht aus zwei Zonen. Der Rohling wird in einer Stauchzone zwischen den Stirnflächen eines Stempels und eines Gegenstempels zunächst gestaucht (Bild 3.6a). Danach erfolgt Fließpressen, indem das Werkstück zusammen mit Stempel und Gegenstempel die zweite formgebende Zone der Matrize durchläuft. Anschließend wird für etwa 15 sec der Preßdruck erhöht (Bild 3.6b). Das geformte Fertigteil (in der Abbildung ein Zahnrad) wird dann mit dem sich aufwärts bewegenden Gegenstand aus der Matrize entfernt (Bild 3.6c). Untersuchungen an solchen Zahnrädern haben ergeben, daß die Maßabweichung bei dieser Technik unterhalb 3 % liegt, was in vielen Fällen akzeptabel ist.

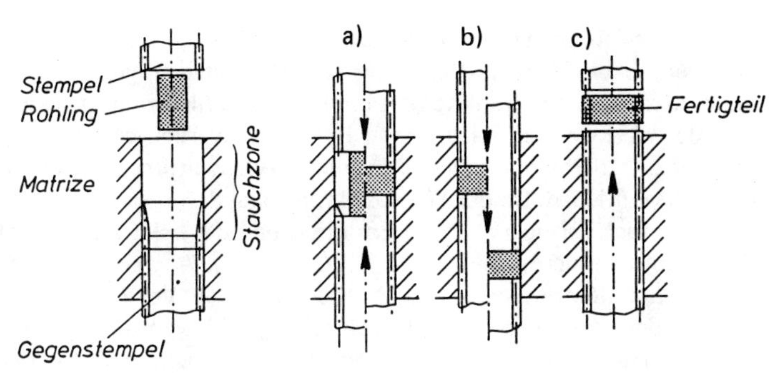

Bild 3.6: Verschiedene Stadien des Stauch-Fließpressens. Wegen Details siehe Text

3.2.1.5 Taumelpressen

Dieses relativ junge Umformverfahren wird zur Metallumformung bereits seit einigen Jahren in der industriellen Praxis eingesetzt. In Bild 3.7a ist sein Prinzip dargestellt. Die Preßkraft wirkt auf eine bestimmte begrenzte Fläche (Bild 3.7b), die während der Verformung über den Rohling wandert. Dies wird durch ein zyklisches Schwenken eines Obergesenks um einen Winkel γ von bis zu 2° gegenüber der Hauptachse der Vorrichtung bewirkt. Das Obergesenk kann relativ zum Werkstück in verschiedenartiger Weise bewegt werden. Einige Möglichkeiten sind in der Abbildung 3.7c wiedergegeben. Die Art der Taumelbewegung kann der Werkstückform entsprechend gewählt werden.

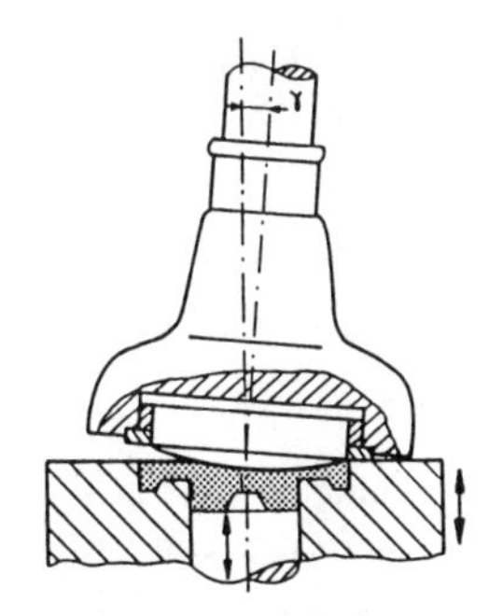

Bild 3.7a: Technisches Prinzip

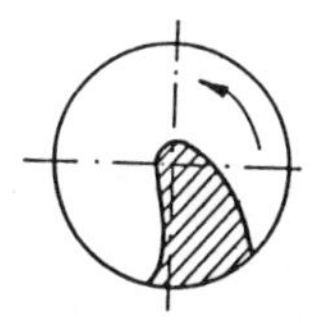

Bild 3.7b: Kontaktfläche

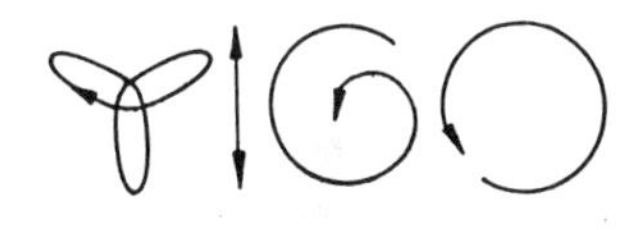

Bild 3.7c: Mögliche Arten von Taumelbewegungen

Bilder 3.7a–c: Taumelpressen

Das Taumelverfahren wird mit Vorteil angewandt bei oblaten Werkstücken, also solchen, deren Dicke im Verhältnis zum Durchmesser gering ist. Die geringe Reibung zwischen dem Rohling und dem Obergesenk ist günstig für das radiale Fließen des Werkstoffes. Bei dickeren Rohlingen werden dadurch die beim reinen Stauchen auftretenden tonnenförmigen Ausbuchtungen (siehe Bild 3.5b) weitgehend vermieden. Da der Werkstoff nur lokal deformiert wird, ist der Kraftbedarf wesentlich geringer als beim Formpressen oder beim Stauchen. Eine Verwendung von Schmiermitteln bringt keine Vorteile. Auch ein Vorwärmen der Rohlinge führt nicht unbedingt zur Verbesserung der Verformbarkeit, da der größte Teil der durch den Taumeldruck erzeugten Verformungsarbeit ohnehin in Wärme umgewandelt wird. In der jeweils beanspruchten Zone erwärmt sich das Werkstück dabei nahezu adiabatisch, wodurch sich die Verformbarkeit ohne weitere Maßnahmen erhöht.

Der erreichbare Verformungsgrad liegt zwischen 3,3 (bei PC) und knapp 7 (PE-HD). Die Retardation beträgt etwa 3 % bis 8 %.

3.2.1.6 Schmieden

Unter Schmieden versteht man eine schlagartige Umformung, wobei die Verformungsenergie auch durch mehrmaliges Schlagen übertragen werden kann. Bei Polyamiden und bei PC ist auf diese Weise ein relativ hoher Umformgrad erreichbar.

Beim Schmieden wird das Werkstück durch die relativ hohe Verformungsenergie (die Energie einzelner Schläge kann bis zu 600 Joule betragen) und wegen der recht geringen thermischen Leitfähigkeit von Kunststoffen erwärmt, was die Umformung begünstigt. Bei PA-6 wurden mit dieser Technik Umformgrade von etwa 4 realisiert, bei PC solche von etwas über 2. Die Taktzeiten sind auch ohne Vorwärmen der Rohlinge recht niedrig. Die nötigen Werkzeuge sind relativ preiswert. Nachteilig ist die geringe Abbildegenauigkeit. Nieten, Schraubenköpfe und ähnliche Formteile können jedoch mit dieser Umformmethode preisgünstig erzeugt werden.

3.2.1.7 Walzen

Bei diesem Verfahren wird das thermoplastische Halbzeug in einem Spalt zwischen zwei gegeneinander laufenden Walzen durch Druck umgeformt. Die Umformung wird durch die Reibung zwischen dem Material und den Walzen ermöglicht. Es muß gelten $\mu > \tan \alpha_W$, wobei μ der Reibungskoeffizient und α_W der Walzwinkel sind (Bild 3.8). Der Walzwinkel seinerseits wird durch den Walzendurchmesser und durch die Werkstoffdickendifferenz vor und unmittelbar nach dem Walzen bestimmt.

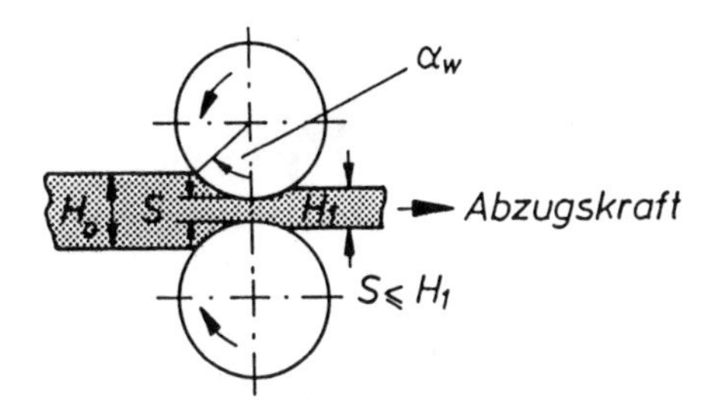

Bild 3.8:
Prinzip des Flachwalzens

Die Hauptrichtung der Verformung liegt senkrecht zu den Walzenachsen in der Werkstoffebene. Die Verformung kann auf mehrere Stufen verteilt werden. Beim Kaltwalzen erreicht man dann Umformgrade von über zwei. Wesentlich höhere Umformgrade können erzielt werden, wenn die Walzen aufgeheizt werden. Bei PE-HD sind so bei einer Walzentemperatur von 400 K Umformgrade von über zehn möglich, bei PP und 425 K immerhin solche von mehr als sechs.

Beim mehrstufigen Walzen können die einzelnen Walzrichtungen – bezogen auf eine bestimmte Werkstückrichtung – gleich oder verschieden sein. Das einachsige Flachwalzen führt, wie die meisten anderen Umformmethoden auch, zu einer deutlichen Verbesserung der mechanischen Eigenschaften in Walzrichtung. Bei PE-HD nimmt der Elastizitätsmodul um das neunfache zu, die Zugfestigkeit verbessert sich um das 14fache. Diese Eigenschaften sind stark anisotrop.

Walzen erhöht die Transparenz des Materials.

Das Kaltwalzen kann als Voroperation bei anderen Verfahren eingesetzt werden. So führt die Verwendung kreuzgewalzter Halbzeuge zu einer Verbesserung des realisierbaren Tiefziehverhältnisses um rund 30 %.

3.2.1.8 Sonstige Verfahren

Durch Modifizierung der beschriebenen Umformverfahren lassen sich zuweilen eigenständige Techniken definieren, die jedoch hier nicht im einzelnen beschrieben werden sollen. Hierzu gehören u.a. das Ziehen kompakter Werkstücke, das Gewinderollen, das Profilwalzen und das Prägen.

3.2.2 Flachumformverfahren

3.2.2.1 Ziehoperationen

Das am weitesten verbreitete entsprechende Verfahren ist das Tiefziehen. Dabei werden flache Halbzeuge, z.B. Ronden, mittels eines Stempels in die Ziehöff-

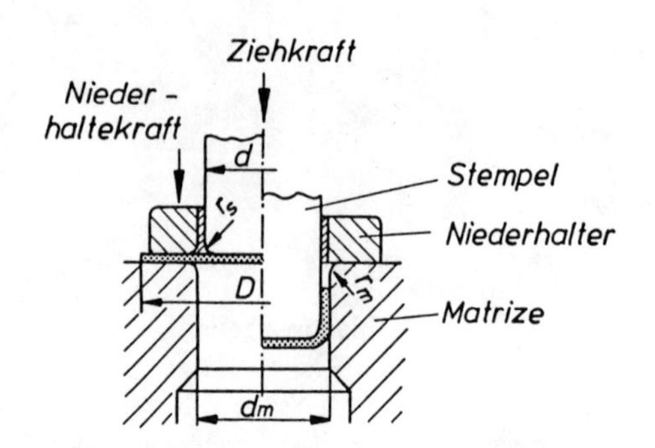

Bild 3.9:
Tiefziehen – Prinzip und Werkzeugaufbau

nung einer Matrize gedrückt, wobei ein Behälter entsteht. Ein Niederhalter wirkt einer Randfaltung dieses Behälters entgegen (Bild 3.9). Das Tiefziehen ist technisch ausgereift und wird in vielfältiger Form in der industriellen Praxis eingesetzt.

Für das Tiefziehen eignen sich z.B. Platten aus PE-HD, PP, POM, PC, PVC und ABS-Polymerisaten, deren Dicke in der Regel nicht größer als 2 mm sein sollte. Die Deformation wird durch das Ziehverhältnis $ß_z = D/d$ (vgl. Bild 3.9) charakterisiert. Beim Kalttiefziehen von Thermoplasten können Ziehverhältnisse von etwa zwei erreicht werden. Durch Vorwalzen der Platten kann das Ziehverhältnis weiter erhöht werden.

Beim Tiefziehen wird die Verformbarkeit beträchtlich von der Werkzeuggeometrie (Abrundungen am Stempel r_s und an der Ziehöffnung r_m sowie dem Ziehspalt $s = (d_m - d)/2$, siehe Bild 3.9) beeinflußt. Als Richtwerte gelten:

$r_m = (4...10)\ h_d$
$r_s = (2...15)\ h_d$
$s = (0{,}85...1{,}5)\ h_d$,

wobei h_d die Halbzeugdicke ist. Auch die Reibung zwischen Halbzeug und Werkzeug beeinflußt deutlich das erreichbare Ziehverhältnis. Selbst bei hoher Oberflächengüte des Werkzeuges (polierte Abrundungen am Stempel und an der Matrize) kann die Verwendung von Schmiermitteln die Verformungsbedingungen noch weiter verbessern; beim Kalttiefziehen ist dadurch eine Verbesserung des Ziehverhältnisses um etwa 10 % möglich.

Außer seiner Wirtschaftlichkeit zählt zu den wichtigsten Vorteilen des Tiefziehens, daß – im Gegensatz zum Warmumformen, z.B. dem Vakuumtiefziehen – keine wesentlichen Wanddickendifferenzen am Umformteil auftreten. Die mechanischen Eigenschaften kalttiefgezogener Behältnisse übertreffen in der Regel die warmumgeformter.

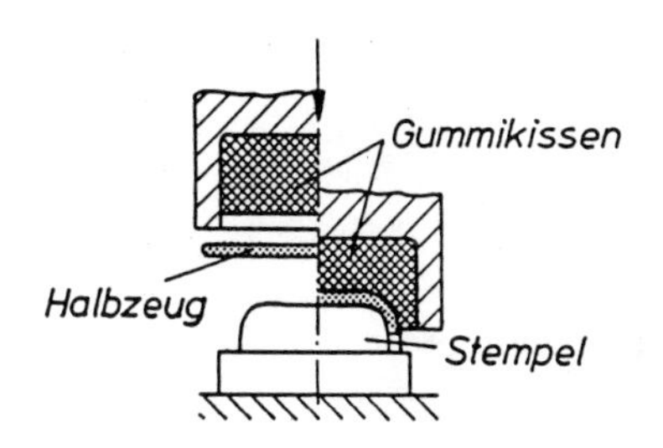

Bild 3.10:
Das Gummipreßverfahren

Auch beim Tiefziehen kann eine recht hohe Rückverformung des Behälterdurchmessers von 6 % bis 20 % auftreten. Es gibt jedoch genügend Möglichkeiten, diese negative Erscheinung zu verringern. Eine davon ist, unter sorgfältiger Beachtung der übrigen geometrischen Randbedingungen die Weite des Ziehspaltes s bis auf $s < h_d$ zu verkleinern, was erfahrungsgemäß auch zu einer Verbesserung der mechanischen Eigenschaften führt.

Zur Formung relativ flacher, aber großflächiger Teile kann vorteilhaft das Gummipreßverfahren (Bild 3.10) eingesetzt werden. Dabei wird die Ziehform, bzw. der Ziehring durch ein Gummikissen ersetzt. Der Stempel trägt die Konturen des Formteils. Die Dicke des Gummikissens sollte etwa das Dreifache der Ziehtiefe betragen (2). Die Stärke der eingesetzten Halbzeuge kann zwischen 2,5 mm und 25 mm liegen. Die erforderlichen Preßdrücke liegen beim Kaltumformen um (7. . .16) MPa. Die Taktzeiten liegen um 40 s, wobei der Druck etwa (10. . . 15) s aufrechterhalten werden soll. Das Gummipreßverfahren kann sowohl an kalten als auch an vorgewärmten Halbzeugen durchgeführt werden. Durch dieses Verfahren wird – verglichen mit dem normalen Tiefziehen – eine gleichmäßigere Dicke der Formteilwandung bewirkt, es führt zu verbesserten mechanischen Eigenschaften, insbesondere der Schlagfestigkeit, und die benötigten Werkzeuge sind kostengünstig zu fertigen.

Für großflächige Teile und zur Realisierung einer größeren als der mit Gummipressen erzielbaren Ziehtiefe kann das „Hydroformverfahren" eingesetzt werden (3). Die Rolle des Gummikissens wird hier von einer mit einer Druckflüssigkeit beaufschlagten Membran wahrgenommen. Das plattenförmige Halbzeug wird in der Regel vorgewärmt. Der Umformdruck beträgt (0,7. . .3,5) MPa.

Das Aufdornen und das Verengen (Bild 3.11) sind zwei Ziehoperationen, die vorzugsweise beim Umformen von Rohren eingesetzt werden. Da Kunststoffe sich unter biaxialer Druckbeanspruchung leichter verformen lassen, ist beim Verengen, bei dem ein entsprechender Spannungszustand erzeugt wird, eine Vorwärmung meistenteils überflüssig. Beim Aufdornen ist dies jedoch gelegentlich vorteilhaft.

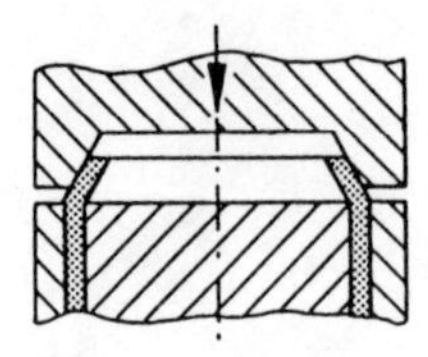

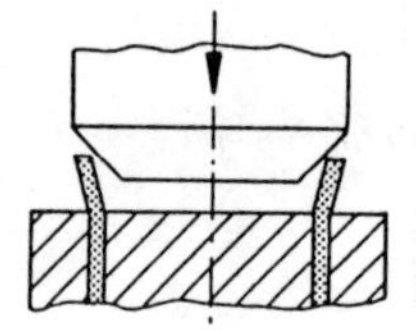

Bild 3.11a: Verengen Bild 3.11b: Aufdornen

Bilder 3.11a und b: Ziehoperationen zum Umformen von Rohren

3.2.2.2 Biegen

Biegeoperationen werden – im Gegensatz zum Massivumformen und zum Tiefziehen – meistenteils in handwerklicher Technik ausgeführt. Bekannte Verfahren sind das Abkanten, Biegen, Bördeln usw. Oft werden diese Umformverfahren gemeinsam mit anderen Operationen eingesetzt, das Biegen z.B. gemeinsam mit dem Schweißen.

Zu den wichtigsten Biegeoperationen zählen das Schwenkbiegen und das Rollumformen. Das Schwenkbiegen wird vorteilhaft bei plattenförmigen Halbzeugen angewendet. Dabei wird die Platte eingespannt und gegebenenfalls mittels Wärmeleisten erwärmt. Danach wird das thermoplastische Halbzeug durch Schwenken einer von zwei Biegewangen (meistens der Oberwange, vgl. Bild 3.12) umgeformt und durch Preßluft abgekühlt. Die Biegeeinrichtung ist zweckmäßigerweise verstellbar, so daß unterschiedliche Biegeradien realisiert werden können.

Beim Rollumformen werden Platten oder Rohre zwischen zwei sich drehenden Rollen, bzw. Walzen zu einem Biegeteil umgeformt. Auf diese Weise können an Platten, Rohren oder ähnlichen Halbzeugen Bördelungen oder Sicken angebracht werden.

Derartige Biegeoperationen können gut auf den auch aus der der Metallbearbeitung bekannten Maschinen durchgeführt werden. Insbesondere sind beim Biegen von Platten oder Bändern Exzenter- und Kurbelpressen einsetzbar. Ein Beispiel hierfür ist im Bild 3.12a wiedergegeben.

Schwierigkeiten bereitet beim Biegen das Rückfedern, das durch einen Rückfederwinkel α_f charakterisiert werden kann. Dieser Winkel hängt von der Dicke des Werkstoffes und dem Biegeradius ab; er ist um so größer, je kleiner diese Werte sind. Der Rückfederung kann, wie im Bild 3.12b angedeutet, durch Festklemmen des Werkstückes entgegengewirkt werden.

Der Biegeradius darf, insbesondere beim reinen Kaltbiegen, bestimmte minimale Werte nicht unterschreiten; so sollte er nicht kleiner sein als die Dicke des Halb-

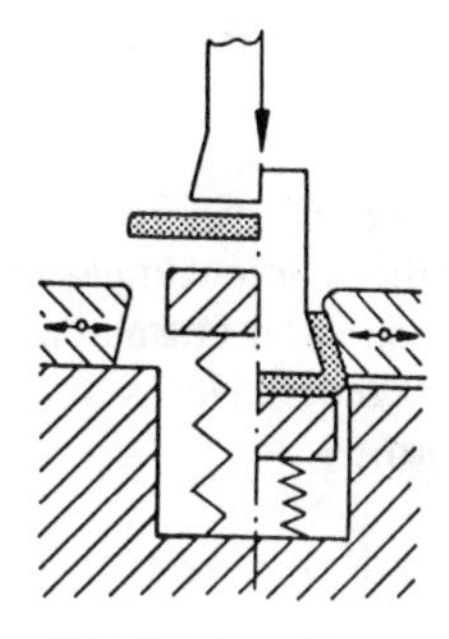

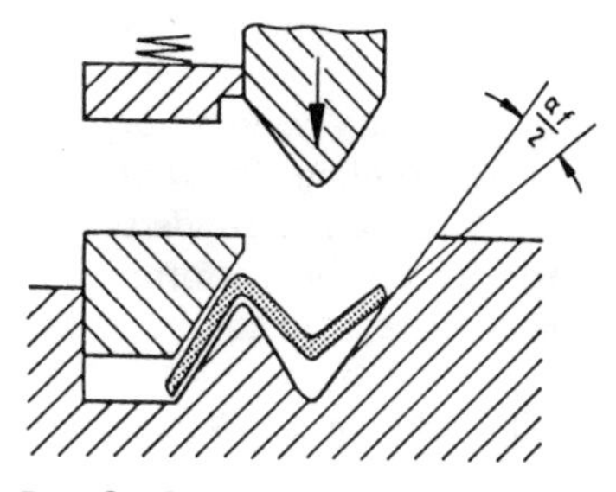

Bild 3.12a: Biegeteil frei

Bild 3.12b: Biegeteil festgeklemmt

Bilder 3.12a und b: Biegen von Kunststoffplatten

zeuges. Bei zu kleinen Biegeradien tritt in der Biegezone eine durch Mikrorisse hervorgerufene Weißfärbung auf. Diese Erscheinung kann durch Vorwärmen vermieden werden. Biegeoperationen an eingespannten Halbzeugen haben Wanddickenunterschiede nach der Umformung zur Folge.

3.2.3 Allgemeine werkzeugtechnische Gesichtspunkte

Die Wirtschaftlichkeit der verschiedenen Umformverfahren wie auch die Qualität der Umformlinge hängt noch von einer ganzen Reihe werkzeugtechnischer und verfahrenstechnischer Parameter ab. Von diesen sollen nachfolgend die Technik der Vorwärmung, die besonderen Ansprüche an die Gestaltung der Werkzeuge hinsichtlich der Minimierung von Reibungsverlusten und die Art der Druckbeaufschlagung näher untersucht werden.

3.2.3.1 Vorwärmung

Die Wärmequelle kann sich sowohl außerhalb des Werkzeuges als auch in seinem Inneren befinden. Für das Vorwärmen außerhalb des Werkzeuges werden in der Regel Heißluftöfen (Umluftschränke), Flüssigkeitsbäder (z.B. Glyzerin, Glykol), Heizplatten (z.B. mit PTFE beschichtete Leichtmetallplatten) und IR-Strahler verwendet (4). Für eine zonenweise Vorwärmung haben sich Heizelemente bewährt. Halbzeuge aus Kunststoffen mit genügend großem dielektrischem Verlustfaktor ($\tan \epsilon'' > 10^{-3}$) können dielektrisch vorgewärmt werden. Alle Wärmequellen sollten so leistungsstark sein, daß sie in möglichst kurzer Zeit eine gleichmäßige und exakte Aufwärmung (± 2 K) auf die gewünschte Temperatur ermöglichen, wobei das Halbzeug durch eine geeignete Regelung vor Überhitzung geschützt werden sollte. Die Vorwärmzeit wird durch die relativ große Temperaturdifferenz zwischen Oberfläche und Innerem des Halbzeuges bedingt, die ihrerseits eine Folge der geringen Wärmeleitfähigkeit der Kunststoffe ist.

Soll auch das Werkzeug während der Umformung temperiert werden, ist eine Vorwärmung des Rohlings im Werkzeug oder in seiner unmittelbaren Umgebung angebracht (5). Das gesonderte Vorwärmen der Halbzeuge kann entfallen, wenn ein spritzgegossener Vorformling noch im Spritzgußwerkzeug, zwar während der Abkühlphase, aber bereits im festen Zustand, umgeformt wird.

Eine eventuelle Kühlung des Werkzeuges ist durch Wasserumlauf in seinem Inneren möglich.

3.2.3.2 Werkzeugoberfläche und Reibung

Werkzeuggeometrie und Form des Fertigteils müssen aufeinander abgestimmt sein. Werkstoffeigenschaften, Umformverfahren und konstruktive Auslegung des Werkzeugs bedingen einander. Es ist zu beachten, daß nicht alle hier aufgezählten Umformverfahren alle denkbaren konstruktiv-geometrischen Anforderungen erfüllen.

Bei allen Umformverfahren wird durch die Reibung zwischen Werkzeug und Werkstück das Fließen des Materials behindert. Dies muß bei der Konstruktion des Werkzeugs berücksichtigt werden. Eine Verbesserung der Fließbedingungen kann u.a. durch der Umformmethode angemessene Schrägen und Abrundungen im Werkzeug erreicht werden. Die Arbeitsflächen der Werkzeuge sollten geschliffen und poliert sein. Wird unter sehr hohem Druck umgeformt, kann es zweckmäßig sein, das Werkzeug zu verchromen, um so einer Adhäsion zwischen Umformling und Werkzeug vorzubeugen. Der Reibungskoeffizient zwischen Metall und Kunststoff bestimmt die Schräge der Arbeitsflächen. Für die meisten Thermoplaste überschreitet der Reibungskoeffizient μ bei Trockenlauf gegen Stahl nicht den Wert 0,3, so daß die Arbeitsflächenneigung des Umformwerkzeuges, die durch den Wert von arctan μ bestimmt wird, wenigstens 17° betragen sollte. Bei Verwendung von Schmiermitteln sinkt μ auf einen Wert um 0,1 und der Arbeitswinkel braucht nur noch 6° betragen. Für das Fließpressen (siehe Bild 3.4a) wird für die Arbeitsflächenneigung ein Richtwert von 15° bis 20° angegeben (6).

Die Form der Aussparungen im Werkzeug, die die vorgegebenen Konturen im Umformling bewirken sollen, ist in der Regel durch Vorversuche zu ermitteln. Offensichtlich werden flache und breite, in der Fließebene angebrachte Rillen im Werkzeug beim Umformen durch den Kunststoff besser ausgefüllt als hohe und schmale. Dies gilt bei nicht kristallisierfähigen Thermoplasten auch für die senkrecht zur Fließebene gerichteten Werkzeugflächen. Bei teilkristallinen Thermoplasten dagegen werden an diesen Werkzeugflächen angebrachte schmale und tiefe Aussparungen besser ausgefüllt als breite und flache.

Beim Umformen werden sowohl die Formteilqualität und die erreichbare Verformung als auch der Kraftbedarf beträchtlich von den Krümmungsradien und den Abrundungen am Werkzeug beeinflußt, die beide so groß wie möglich sein sollten.

Geschlossene Gesenke sind meist vorteilhafter, da der Werkstoff dann einem dreiachsigen Spannungszustand unterworfen wird.

3.2.3.3 Aufbringen des Druckes

Zum Umformen von Kunststoffen im festen Zustand können sowohl die aus der Metallumformung bekannten als auch speziell für die Kunststoffverarbeitung entwickelte Maschinen eingesetzt werden. Dabei werden in der Regel hydraulische Pressen verwendet. Die Umformkräfte, bzw. -drücke sind natürlich bei der Umformung von Kunststoffen wesentlich niedriger als bei Metallen. In der Regel genügen Pressen mit einer Leistung von (1. . .2) MN. Zweckmäßig ist es, die Hydraulik gleichzeitig zum Auswerfen der umgeformten Werkstücke einzusetzen.

Die Umformgeschwindigkeit wird zunächst vom Wunsch nach möglichst kurzen Taktzeiten bestimmt. Sie muß andererseits niedrig genug sein, um die das Umformen letztlich bewirkenden molekularen Umlagerungen zu ermöglichen, bzw. eine Relaxation der beim Umformen aufgebauten Spannungen zu erlauben. Ist die Umformgeschwindigkeit jedoch zu niedrig, so entstehen – bei vorgewärmten Halbzeugen – Wärmeverluste, die ein Absinken der Temperatur zur Folge haben. Auch baut sich zwischen Äußerem und Innerem des Halbzeugs ein Temperaturgradient auf, der zu örtlich variablen Umformbedingungen und letztlich zu einer Schädigung oder zumindest zu einem Verlust an Qualität des Umformlings führen kann. Beim Kaltfließpressen haben sich hydraulische Pressen mit einer Arbeitsgeschwindigkeit um (2. . .5) mm/s als zweckmäßig erwiesen. Beim Halbwarmumformen kann die Arbeitsgeschwindigkeit auf (12. . .20) mm/s gesteigert werden (7).

Zum Massivumformen reicht häufig auch die Schließkraft einer Spritzgießmaschine aus. Das entsprechende Verfahren wird als „Spritzgieß-Preßrecken" bezeichnet (8).

Zu den wichtigsten Forderungen, die Umformmaschinen erfüllen sollten, zählen eine exakte Regelung des Druckes sowie die Möglichkeit, den Preßdruck über eine vorgegebene Zeit exakt aufrechterhalten zu können.

Beim Tiefziehen von Thermoplasten sind die aus der Metallumformung bekannten Exzenter-, Kurbel- und Mehrstufenpressen einsetzbar, die (50. . .150) Hübe/ min. auszuführen vermögen. Oft werden die Tiefziehpressen mit automatischer Zuführung, Sauglufthebern, Zangen usw. ausgerüstet.

In der Regel werden für die Massenfertigung von Kunststoffteilen komplette Anlagen gebaut, die dann alle zur Herstellung des Fertigteils notwendigen Operationen ausführen. Diese Anlagen können – je nach Bedarf – aus Spritzgieß-, bzw. Extrudiereinheiten, Fördereinrichtungen, Schneidpressen, Heiz- oder Kühlsystemen, Umformmaschinen und automatischen Abnahmevorrichtungen zusammengesetzt sein.

3.3 Werkstoffkundliche Aspekte

3.3.1 Eigenschaftsveränderungen

Das Umformen von Kunststoffen, also auch das Kaltumformen, ist stets mit einer Veränderung des Eigenschaftsbildes verbunden. Bereits weiter oben war auf die mit der Kaltumformung meist einhergehende Verbesserung der mechanischen Eigenschaften, wie Zugfestigkeit, Elastizitätsmodul, Härte oder Schlagfestigkeit hingewiesen worden. In der Tabelle 3.1 sind für die wesentlichsten Massivumformverfahren die Faktoren zusammengestellt, um die sich die genannten Kenngrößen gegenüber dem unverformten Ausgangsmaterial verbessern können.

Normalerweise kann man erwarten, daß die mechanischen Eigenschaften in Fließrichtung um so besser werden, je höher der Deformationsgrad ist. Der Druck hat auf diese Eigenschaften keinen unmittelbaren Einfluß; er steuert lediglich den Deformationsgrad.

Tabelle 3.1: Beim Kaltumformen erreichbare Verbesserungsfaktoren im mechanischen Eigenschaftsbild

Umformverfahren	Eigenschaft			
	Zugfestigkeit	E-Modul	Härte	Schlagfestigkeit
Formpressen	2,1. . .2,6		1,2. . .1,5	5. . .10
Kaltstauchen	3,4			
Fließpressen	5		6	10
Walzen	1,5. . .20,0	5. . .20		

Aus der technischen Praxis ist eine Reihe von Einzelheiten über den Einfluß der Art des Umformverfahrens auf das Eigenschaftsbild bekannt. Beim Fließpressen, bzw. beim Ziehen unter hydrostatischem Druck nimmt die Bruchdehnung im Gegensatz zu Festigkeit und Modul, in Fließrichtung rapide ab (9), beim Kaltwalzen erhöht sie sich (10). Auch die Umformtemperatur ist von Einfluß. Im allgemeinen werden die mechanischen Eigenschaften mit abnehmender Temperatur besser (8), da die für die Verbesserung verantwortliche Struktur bei höheren Temperaturen leicht wieder relaxiert. Gleichzeitig aber verschlechtert sich die Abbildegenauigkeit.

Der Einfluß einer nachträglichen Temperung der Formteile mit dem Ziel der Fixierung von Form und Eigenschaftsbild auf die mechanischen Eigenschaften ist uneinheitlich. So soll sich die durch Walzen verbesserte Zugfestigkeit von POM in Walzrichtung durch Tempern wieder verschlechtern. Andererseits wird berichtet, daß preßgereckte Formteile aus POM nach einer Temperung sowohl unter Formzwang als auch beim freien Tempern keine Festigkeitseinbuße erleiden (10).

Für einige Kunststoffe kann der Zusammenhang zwischen gewissen Eigenschaften und Verformungsgrad mathematisch beschrieben werden. So hängen die Zugfestigkeit sowie Bruchdehnung und -spannung von kaltgewalztem PC und POM vom Walzgrad nach einem Polynom 4. Grades ab. Häufig genügt mit ausreichender Genauigkeit schon ein Ausdruck 2. Grades.

Der Tabelle 3.1 entnimmt man, daß die Härte nach Festphasenumformung zunimmt. Diese Eigenschaft ist jedoch meist inhomogen verteilt. Sie ist in der Regel an der Oberfläche des Formteiles besser als in seinem Innern, was gegebenenfalls eine entsprechende Inhomogenität der Verformung wiederspiegelt. Daß die Kugeldruckhärte in unterschiedlichster Weise vom Verformungsgrad abhängen kann, geht aus Bild 3.13 hervor, in der entsprechende Meßergebnisse

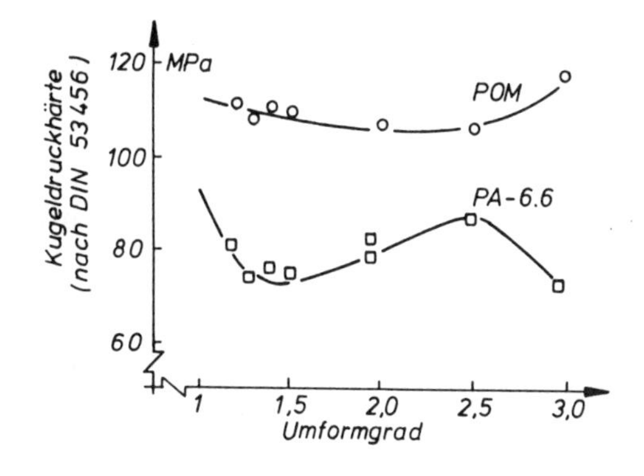

Bild 3.13:
Abhängigkeit der Härte vom Verformungsgrad für Formteile aus POM und PA-6.6 (nach [7])

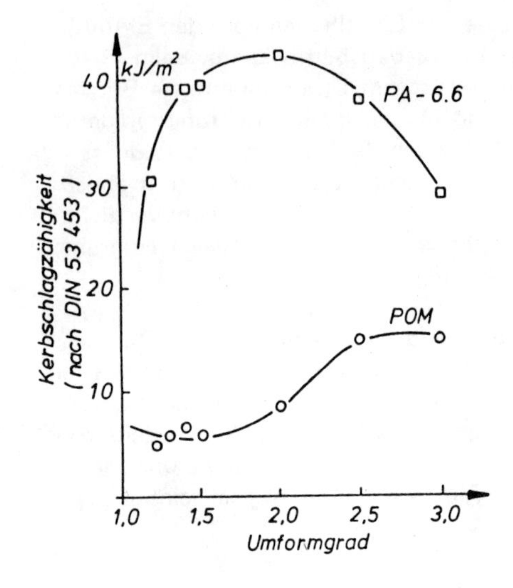

Bild 3.14:
Abhängigkeit der Kerbschlagzähigkeit vom Verformungsgrad für Formteile aus POM und PA-6.6 (nach [7])

an gestauchten Formteilen aus POM und PA-6 wiedergegeben sind (7). Man sieht, daß die Härte nicht unbedingt gleichmäßig mit der Verformung zunimmt.

Auch die Schlagzähigkeit hängt irregulär vom Verformungsgrad ab. Dies geht aus Bild 3.14 hervor (7). Außerdem geht die Verbesserung der Schlagzähigkeit im Vergleich zum undeformierten Material mit zunehmender Umformtemperatur zurück.

Nicht bei allen Beanspruchungsarten wird nach Kaltumformung eine Eigenschaftsverbesserung erzielt. So ist häufig mit einerVerschlechterung der Druckbeanspruchbarkeit zu rechnen. In Bild 3.15 sind die Stauchkurven einiger wichtiger Kunststoffe in unverformtem und in durch Vorwärtsfließpressen kaltumgeformtem Material wiedergegeben (6). Die Verschlechterung der mechanischen Eigenschaften bei allen Materialien ist offensichtlich.

Die Dichte kristallisierfähiger Kunststoffe nimmt nach Umformung, wohl bedingt durch die Bildung von Mikrohohlräumen, ab (11). Kann deren Entstehung verhindert werden, wie z.B. bei kaltgestauchtem PC, nimmt die Dichte jedoch zu.

Bei einachsig defomierten Thermoplasten sind die mechanischen Eigenschaften unmittelbar mit der beim Umformen erzwungenen molekularen Orientierung verbunden. Demzufolge ändern sich auch die optischen Eigenschaften des verformten Werkstoffes, er wird optisch anisotrop, d.h. doppelbrechend. Diese

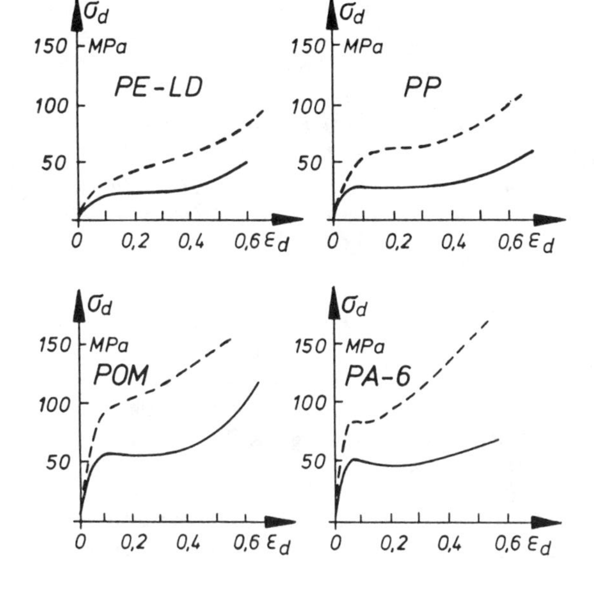

Bild 3.15: Druck-Stauch-Kurven vorwärtsfließgepreßter Kunststoffe im Vergleich zum Ausgangsmaterial. – – –: Ausgangsmaterial; ———: nach Vorwärtsfließpressen (nach [6])

Doppelbrechung ist um so geringer, je langsamer umgeformt wurde und je höher die Verformungstemperatur war.

Auf Orientierungseffekte dürfte auch eine zuweilen auftretende Veränderung des thermischen Ausdehnungskoeffizienten zurückzuführen sein. So wurde bei gestauchten POM-Proben eine in Orientierungsrichtung erhöhte thermische Ausdehnung festgestellt (10).

Durch die Umformung kann die Permeabilität verringert und die Chemikalienbeständigkeit verbessert werden. Durch die erhöhte Härte verbessert sich auch das Abriebverhalten.

3.3.2 Formstabilität

Eine geringe Abbildegenauigkeit ist der entscheidende Nachteil aller Kaltumformverfahren. Worauf sie beruht und wie groß sie bei den verschiedenen Kunststoffen ist, wird im einzelnen in dem Kapitel 6 „Festphasenrheologie und übermolekulare Struktur" beschrieben. Im folgenden soll jedoch auf einige technische Aspekte eingegangen werden und es soll untersucht werden, wie dieses Problem durch geeignetes technisches Vorgehen minimiert werden kann.

Die Retardationsneigung kaltumgeformter Kunststoffe nimmt mit Vorwärmung und dabei mit zunehmender Vorwärmtemperatur ab. Sie nimmt auch ab, wenn das Formteil unter Formzwang abgekühlt wird. Eine weitere, bekannte Möglichkeit zur Reduzierung der Rückverformung ist die Thermofixierung. Hierzu wird unmittelbar nach dem Umformen, am besten noch im geschlossenen Werkzeug, die Temperatur des Formteils bis in die Nähe des Schmelzpunktes (bei teilkristallinen Thermoplasten) bzw. der Glastemperatur erhöht und eine gewisse Zeit belassen. Es ist jedoch zu bedenken, daß dabei ein Teil der deformationsinduzierten Eigenschaftsverbesserungen durch die thermisch induzierte Strukturrelaxation wieder abgebaut wird. Aber auch eine einfache Verlängerung der Verweilzeit des Preßteiles in der Form kann die Retardationsneigung verringern.

Die Rückverformung kann man auch durch geeignete geometrische Maßnahmen am Formteil oder am Werkzeug reduzieren. Es können Sicken, Bördelungen und Profilierungen (beim Kalttiefziehen) als auch Zonen mit erhöhtem Deformationsgrad (beim Preßrecken) vorgesehen werden. Beim Kalttiefziehen kann der gewünschte Effekt auch durch Verkleinerung des Ziehspaltes erreicht werden.

Es ist fast überflüssig, darauf hinzuweisen, daß die Stärke der Rückverformung unter den verschiedenen technischen Bedingungen natürlich von Material zu Material unterschiedlich ist.

Die Rückverformung kann bereits bei der Auslegung des Werkzeuges im voraus berücksichtigt werden, wie dies ähnlich mit der Schwindung bei konventionellen Kunststoffverarbeitungsmethoden geschieht. Schließlich kann ein Umformprozeß so in Einzelschritte zerlegt werden, daß sich die in verschiedenen Arbeitsgängen bewirkten Retardationen gegenseitig wieder aufheben. Dies ist z.B. bei dem weiter oben beschriebenen Stauch-Fließpressen der Fall.

3.4 Industrielle Aspekte

3.4.1 Technischer und wirtschaftlicher Vergleich mit herkömmlichen Umformverfahren

Bei der Formung von Kunststoffteilen hat jedes Verfahrensprinzip seinen spezifischen optimalen Anwendungsbereich. Die Entscheidung, welches Verfahren bei einem gegebenen Formteil das fertigungstechnisch günstigste ist, muß der Technologe nach bestimmten Kriterien treffen. Die hier beschriebenen Methoden der Kaltumformung sollten in die engere Wahl kommen, wenn

- die herzustellenden Formteile mit konventioneller Technik schwer zu fertigen sind, z.B. bei schwer zu verarbeitenden Kunststoffen oder bei Formteilen mit extrem dicken Wänden; oder

- eines der hier beschriebenen Verfahren zur Steigerung der Produktivität oder zur Verringerung der Produktionskosten führt, so z.B. wenn das Kaltumformen eine spanende Formgebung ersetzen kann.

Technische Vorteile bieten sich auch bei Polymeren mit extrem hohem Molekulargewicht. Kunststoffe, deren Schmelzen nur ungenügend fließfähig sind oder nur einen schmalen, nutzbaren Schmelzbereich besitzen, können gegebenenfalls noch kaltumgeformt werden.

Die durchaus mögliche, gegebenenfalls gezielt an vorgegebenen Stellen erzeugte Eigenschaftsverbesserung, die verbesserte Transparenz und die Vermeidung von als Schwachstellen wirkenden Markierungen und Bindenähten sind weitere Vorteile der hier beschriebenen Umformverfahren.

Ein nicht weniger wichtiger Faktor bei der Auswahl des Umformverfahrens ist die Wirtschaftlichkeit. Die kürzeren Taktzeiten wie auch der geringere Energieverbrauch des Kaltumformens im Vergleich zu den herkömmlichen Formungsverfahren spricht für das Kaltumformen, ebenso wie die unbestreitbar geringeren Maschinen- und Werkzeugkosten. Letztere sollen um etwa 65 % bis 75 % niedriger als beim Spritzgießen sein (12).

Wirtschaftlich nachteilig ist der Umstand, daß auf Halbzeuge zurückgegriffen werden muß. Man kann jedoch das Fertigteil aus durch Urformen hergestellten Vorformlingen in deren Abkühlphase, möglicherweise auf ein und derselben Verarbeitungsmaschine fertigen – man denke an das bereits beschriebene Spritzgießpreßrecken.

3.4.2 Tatsächliche und denkbare Anwendungen und Einsatzgebiete

Das nachfolgende Kapitel 4 in diesem Buch befaßt sich ausführlich mit einer speziellen Anwendung des Kaltumformens. Hier sollen einige allgemeine Bemerkungen zu technischen Anwendungen gemacht und einige mögliche weitere, spezielle Einsatzgebiete beschrieben werden.

Bisher sind unter den Umformverfahren die Ziehoperationen, insbesondere das Tiefziehen, das Gummipressen und das Hydroformverfahren industriell am weitesten verbreitet. Durch Kalttiefziehen lassen sich dünnwandige Kleinteile in Millionenstückzahlen fertigen. Teller, Schalen, Dosen u.ä. werden auf diese Weise hergestellt. Durch Ziehoperationen lassen sich Kofferhälften sowie Wandverkleidungen und Täfelungen produzieren. Auch rein technische Teile wie Ventilabdeckungen und Radkästen im Automobilbau sowie Abdeckungen für Maschinen, Geräte und Fahrzeuge werden so gefertigt.

Während Kaltziehoperationen zur Herstellung von Kunststoff-Formteilen mit nicht zu hohen Toleranzanforderungen eingesetzt werden können, sind für die Fertigung von Funktions- oder Präzisionsteilen Warmziehoperationen erforderlich. Beispiele hierfür sind die Fertigung von Trommeln für Waschautomaten, von Rasenmäherverkleidungen und von Segmenten für Stoßstangen durch Flachumformen. In Hochgeschwindigkeitstiefziehanlagen sind Taktzeiten bis herab zu wenigen Sekunden möglich.

Durch Formpressen wurden aus PP relativ große Bauteile (Querdimension: 100 mm bis 250 mm) wie flexible Antriebskupplungen, Ventilhandräder, Ventilkörper, Rohrflansche, Laufräder mit Wälzlagern, Kreiselpumpen-Laufräder u.ä. gefertigt. Nach dem gleichen Verfahren werden aus hochmolekularem PE technische Bauteile für Fahrzeuge hergestellt.

Eines der wichtigsten Anwendungsgebiete des Kaltumformens ist die Fertigung von Zahnrädern. Bekannt wurde die Herstellung von Stirnrädern durch Formpressen aus PP mit Teilungsdurchmessern von 10 Zoll und Zahnbreiten von 2 Zoll, die bis 1,5 t belastbar sind und mit 1800 U/min^{-1} laufen. Diese Zahnräder wurden aus auf 430 K erwärmten Vorformlingen gepreßt. Bei geeignetem Vorgehen kann die Maßabweichung unter 1 % gedrückt werden (6).

Zahnräder können auch durch Kalt-Massivumformen hergestellt werden. So kann man durch Vorwärts-Fließpressen bei Raumtemperatur verzahnte Stangen herstellen, die anschließend zu Zahnrädern der gewünschten Dicke zerschnitten werden. Zahnräder besonders hoher Qualität lassen sich im Spritzgieß-Reckverfahren herstellen. Bekannt ist die entsprechende Erzeugung von Zahnrädern aus POM, jedoch sind auch andere Materialien wie PP, PE-HD oder verstärkte Kunststoffe denkbar. Auch andere Maschinenelemente, wie Lager, Rollen, Kupplungen, Gelenke, Federelemente, Schrauben, Bolzen, Nieten, Hebel, Nockenschalter lassen sich kaltumgeformt kostengünstig und in ausreichender Qualität herstellen (8).

4 Kaltumformen und Preßrecken

H. Käufer, K.-H. Leyrer

4.1 Einführung

Bei den klassischen Verarbeitungsverfahren für thermoplastische Kunststoffe wie z.B. dem Spritzgießen, dem Extrudieren oder dem Schmelzspinnen mit Ausnahme der Thermoformung wird der Kunststoff im Zustand der Schmelze verarbeitet. Durch anschließende Verstreckprozesse erfolgt eine Orientierung der Makromoleküle in Reckrichtung, was eine deutliche Erhöhung der mechanischen Eigenschaften bewirkt. Dies wird insbesondere bei der Herstellung von Fasern, Strängen, Folien, Hohlkörpern usw. ausgenutzt, wobei diese Produkte vornehmlich durch Zieh- oder Blasprozesse gereckt werden (1). Die Reckung erfolgt in der Regel bei erhöhter Temperatur.

Bei den Reckverfahren, bei denen die Umformung im kalten Zustand erfolgt, wird die Reckung meist mittels Druck bewirkt. Eine Ausnahme bilden einige industriell verbreitete Kaltumformverfahren wie das Tiefziehen von Platten und das Streckblasen von Flaschen, letzteres mittels Drucklust und mit oder ohne Ziehstempel (1, 2, 3). Umformverfahren, bei denen Orientierungszustände im Werkstück mittels Druck erzeugt werden, sind z.B. die hydrostatische Extrusion oder das die-drawing (4–8, siehe Kapitel 5). Diese Verfahren sind jedoch für Formteile, die gegenwärtig vorwiegend im Spritzguß hergestellt werden, nicht anwendbar. Die meisten anderen, für massive Kunststoffteile geeigneten Kaltumformverfahren, die im vorhergehenden Kapitel ausführlich beschrieben worden sind, sind durch eine häufig nicht tragbare Form- und Maßungenauigkeit charakterisiert. Diese ist im spezifischen visko-elastischen Verhalten der Thermoplaste (siehe Kapitel 6) begründet. Daher sind nach den genannten Verfahren bisher meist nur einfache Fertigteile, an deren Maßgenauigkeit keine allzu hohen Ansprüche gestellt werden, wie Räder, Buchsen, Flansche, Rohrkupplungen gefertigt worden (6, 9), Ein Positivbeispiel stellt die Herstellung von hochfesten Schrauben aus PA-6.6 dar, deren Gewinde durch Kaltumformen aufgewalzt wird (10).

Am Kunststofftechnikum der Technischen Universität Berlin wurde ein als Preßrecken bezeichnetes Kaltumformverfahren entwickelt, das eine wirtschaft-

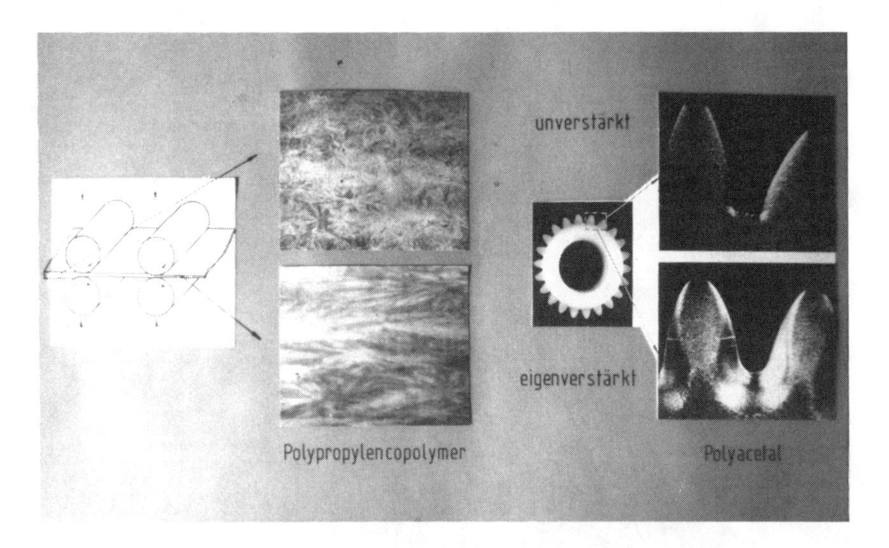

Bild 4.1: Gleichmäßige Orientierung in einer walzgereckten Platte, partielle Orientierung in einem SPR-Zahnrad (m = 2) und Vergleich mit nichtorientierten Teilen

liche Herstellung von hochfesten Formteilen bei meist ausreichender Maß- und Formgenauigkeit ermöglicht. Beim Preßrecken wird das vorgelegte Halbzeug, der Vorformling, bei einer bestimmten Temperatur gepreßt und dadurch einer Reckung unterworfen. Dieser Vorformling kann durch Urformen oder Umformen unmittelbar vor der Preßreckung hergestellt werden oder aber als Halbzeug bereits vorliegen. Durch die druckinduzierte Umformung des Halbzeugs zum Fertigteil werden in diesem hohe Kettenorientierungen und entsprechende übermolekulare Strukturen erzeugt, die je nach Vorformling-, bzw. Fertigteilgeometrie im gesamten Teil als auch in bestimmten exponierten Stellen entstehen können (Abb. 4.1). Sie bewirken eine durchgängige oder lokale, jedenfalls aber deutliche Verbesserung der Werkstückeigenschaften. Zu nennen sind hier unter den mechanischen Eigenschaften insbesondere die Zugfestigkeit, die Härte, die Dauerfestigkeit, die Abriebfestigkeit, der Reibungskoeffizient und die Maßstabilität, unter den thermischen Eigenschaften die Wärmeformbeständigkeit. Da diese Eigenschaftsverbesserungen allein durch die Erzeugung geeigneter Orientierungszustände und Morphologien bewirkt werden, kann man auch hier von „eigenverstärkten" Teilen sprechen.

Es gibt verschiedene Möglichkeiten, das Preßrecken technisch zu realisieren, wie z.B. das Spritzgieß- und das Walzpreßrecken (Bild 4.2). Diese Verfahren unterscheiden sich auch hinsichtlich der Temperaturprofile in den Vorformlingen.

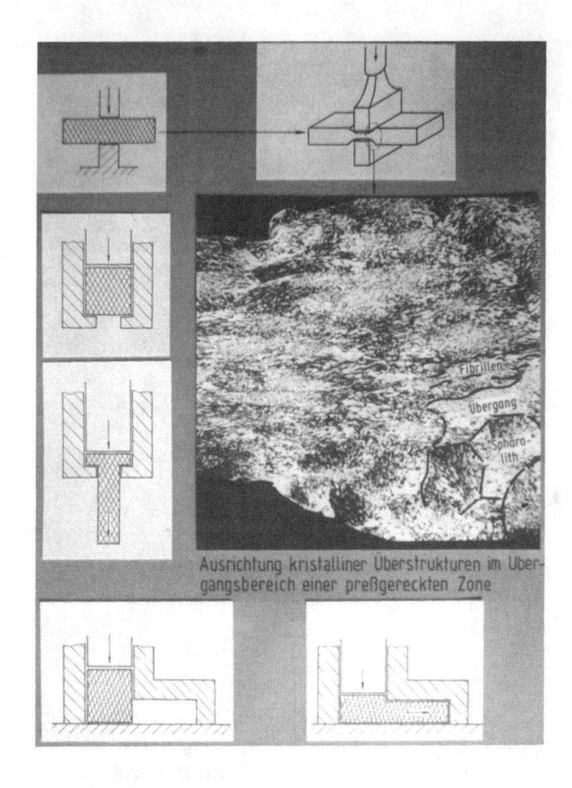

Bild 4.2:
Preßrecken zwischen Stempel (oben), aus geschlossenem Vorraum (Mitte), aus geschlossenem Vorraum in geschlossene Form (unten)

Über die Eigenschaften preßgereckter Teile liegen mittlerweile einige Untersuchungen vor (11–14). Nach Kristukat (11) kann nach einer Umformung im erstarrten Zustand auch bei höheren Gebrauchstemperaturen eine ausreichende Dimensionsstabilität erreicht werden, wenn nur die Verformungstemperatur geeignet gewählt wird. Hohe Umformtemperaturen – die jedoch noch unterhalb der Erstarrungstemperatur liegen – bewirken geringe Orientierungen; dagegen bewirken geringe Umformtemperaturen zwar höhere Orientierungen, durch Materialüberbeanspruchung tritt jedoch meist bald Rißbildung auf. Teile mit möglichst großen Fließwegen weisen bei geringer Umformtemperatur die höchsten Orientierungen auf. Im Zusammenhang damit konnte Arnold (12) nachweisen, daß sich ein gespritzter Vorformling aus PA-6 oder POM während der Abkühlphase jederzeit noch im Spritzgießwerkzeug umformen läßt (was natürlich eine veränderbare Formkavität voraussetzt), wodurch auch die mechanischen Eigenschaften entsprechend erhöht werden. So erhöht sich die Härte gegenüber dem nicht umgeformten Material um das sechsfache und die Schlagzähigkeit um das achtfache. Von Rautenberg (13) wurde durch Preßreckung von Platten aus PP in einem Walzenspalt („Walzpreßrecken") eine Erhöhung der Zugfestigkeit um einen Faktor fünf und eine Erhöhung der Schlagfestigkeit um einen Faktor zehn festgestellt.

Im Nachfolgenden sollen für das Spritzgießpreßrecken, stellvertretend für alle denkbaren Preßreckverfahren, die charakteristischen Verfahrensparameter beschrieben und das Verfahren als solches näher erläutert werden.

4.2 Das Verfahrensprinzip des Spritzgießpreßreckens

Das Spritzgießpreßrecken (SPR) besteht im wesentlichen in der Integration des Preßreckvorganges in das konventionelle Spritzgießen; dabei wird der Vorformling im in seiner Form veränderlichen Spritzgießwerkzeug während der Abkühlphase im erstarrten, bzw. teilweise erstarrten Zustand mittels Druck zum Fertigteil umgeformt (15, 16). Dabei kann die Preßreckung sowohl lokal als auch im gesamten Teil erfolgen. Die mit der Preßreckung verbundenen Deformationsprozesse bewirken entsprechende Texturen, d.h. Zonen mit einer gewissen Orientierung der Makromolekülketten, die bei geeignetem Vorgehen belastungsgerecht sind und die Gebrauchstauglichkeit von Formteilen im Vergleich zu den quasi-isotropen, nur spritzgegossenen deutlich verbessern.

Nachfolgend werden einige maschinen- und werkzeugtechnische Aspekte konzipierter und realisierter SPR-Verfahren beschrieben und vergleichbaren, alternativen Verfahren gegenübergestellt.

4.2.1 Maschinentechnik

Zum SPR ist im Prinzip jede serienmäßige Spritzgießmaschine mit hydraulischer Schließeinrichtung geeignet. Für unsere Untersuchungen am Kunststoff-Technikum der TU Berlin wurde eine vollhydraulische, mikroprozessorgesteuerte Spritzgießmaschine mit einer Schließkraft von 1750 kN verwendet (FM 175 der Fa. Klöckner-Ferromatik). Als Zusatzausrüstung bzw. Sonderausstattung sind zur vollautomatischen Herstellung von z.B. SPR-Zahnrädern nach dem hier beschriebenen Verfahren vier Kernzugeinrichtungen und eine „Spritzprägeschaltung" erforderlich. Um letztere zu realisieren, d.h. um eine zweite Öffnungs- und Schließbewegung innerhalb eines Zyklus zu erhalten, wurde für die Spritzgießmaschine eine spezielle SPR-Programmkarte entwickelt. Das SPR-Standardprogramm ist als Flußdiagramm in Abb. 4.3 wiedergegeben. Die ausgewiesenen Steps dienen der Kennzeichnung der gerade ablaufenden Programmschritte und der Fehleranzeige bei Programmunterbrechungen. Step 38 spiegelt den eigentlichen SPR-Programmschritt dar.

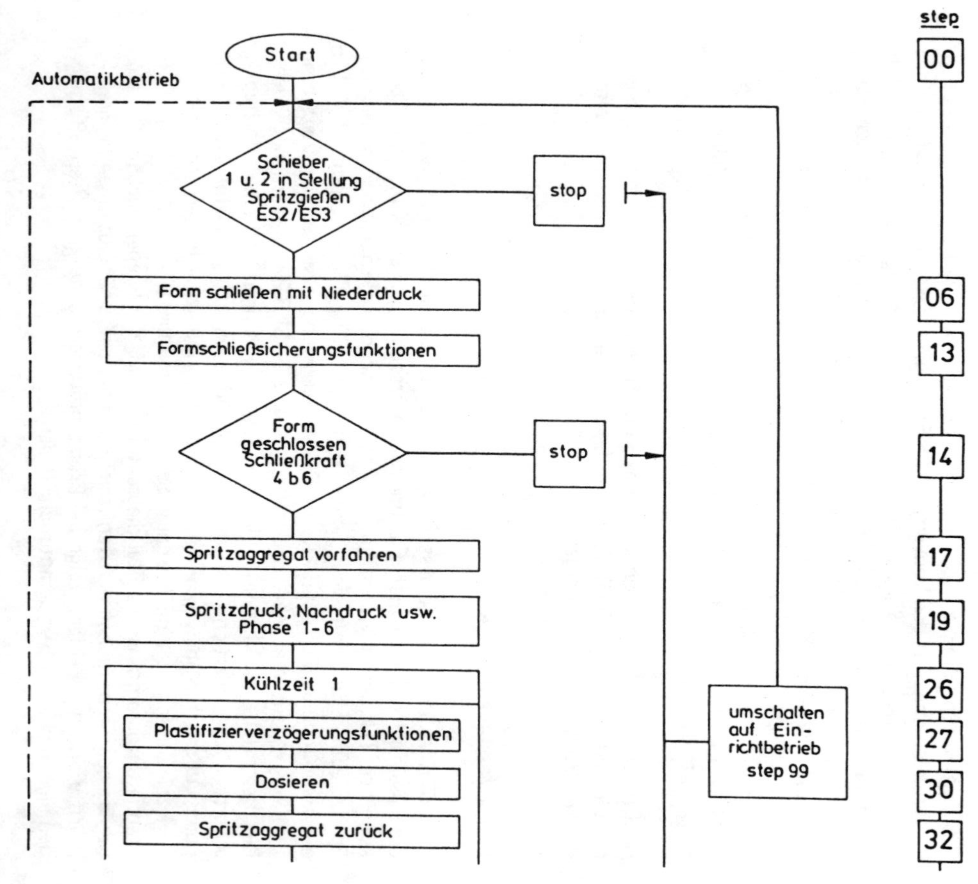
Start
Automatikbetrieb
Schieber 1 u. 2 in Stellung Spritzgießen ES2/ES3
stop
Form schließen mit Niederdruck
Formschließsicherungsfunktionen
Form geschlossen Schließkraft 4 b6
stop
Spritzaggregat vorfahren
Spritzdruck, Nachdruck usw. Phase 1-6
Kühlzeit 1
Plastifizierverzögerungsfunktionen
Dosieren
Spritzaggregat zurück
umschalten auf Einrichtbetrieb step 99
step
00
06
13
14
17
19
26
27
30
32

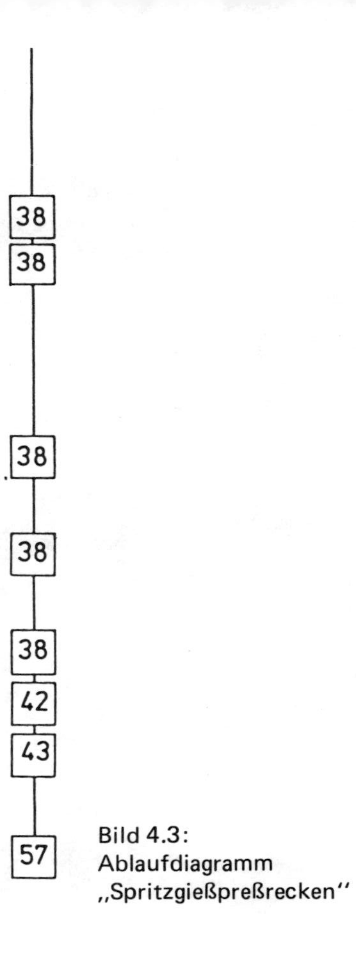
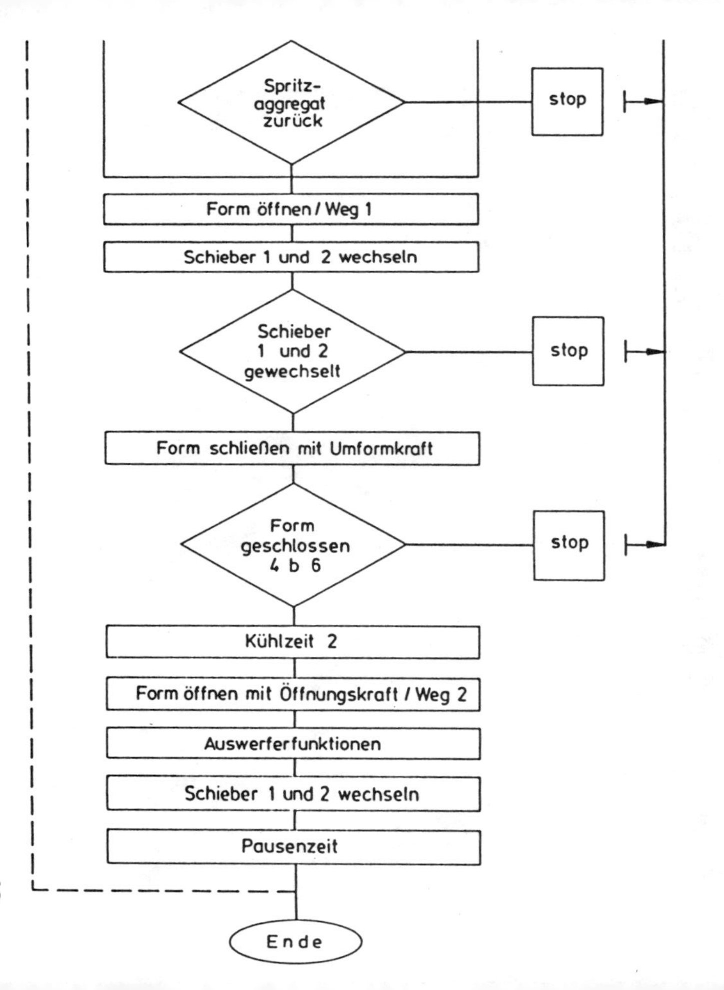

Bild 4.3:
Ablaufdiagramm
„Spritzgießpreßrecken"

Bild 4.4: Zahnrad mit Modul m = 2, Zahnzahl z = 22
links: Vorformling und SPR-Zahnrad
rechts: spritzgegossenes Vergleichszahnrad

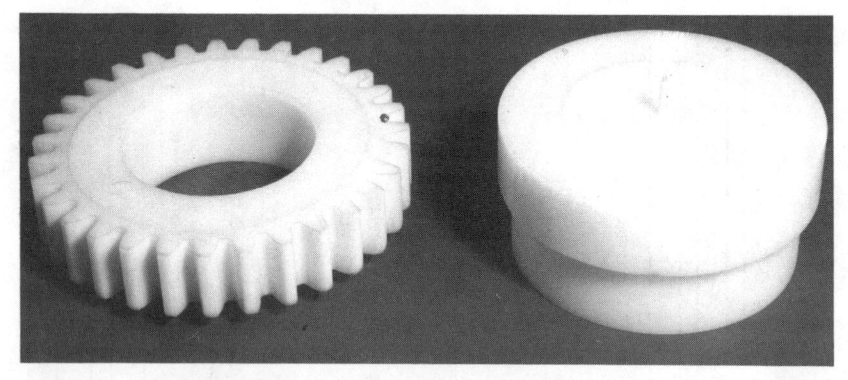

Bild 4.5: Zahnrad mit Modul m = 3, Zahnzahl z = 31
links: SPR-Zahnrad
rechts: Verformling

4.2.2 Das SPR-Werkzeug – Aufbau und Funktionsablauf

Die SPR-Technik wurde erstmals zum Preßrecken von Zahnrädern benutzt (12, 14). Dabei wurde ein hohlzylindrischer Vorformling als ganzes verformt, was jedoch mit einem relativ großen werkzeug- und maschinentechnischen Aufwand verbunden ist (Bilder 4.4–4.7). Daneben sind Werkzeuge denkbar, in denen nur ein Teil des Vorformlings, nämlich der später hochbelastete Teil, preßgereckt wird. Als Beispiel sei ein SPR-Werkzeug genannt, in dem ein Federvorformling partiell umgeformt wird (Bild 4.8).

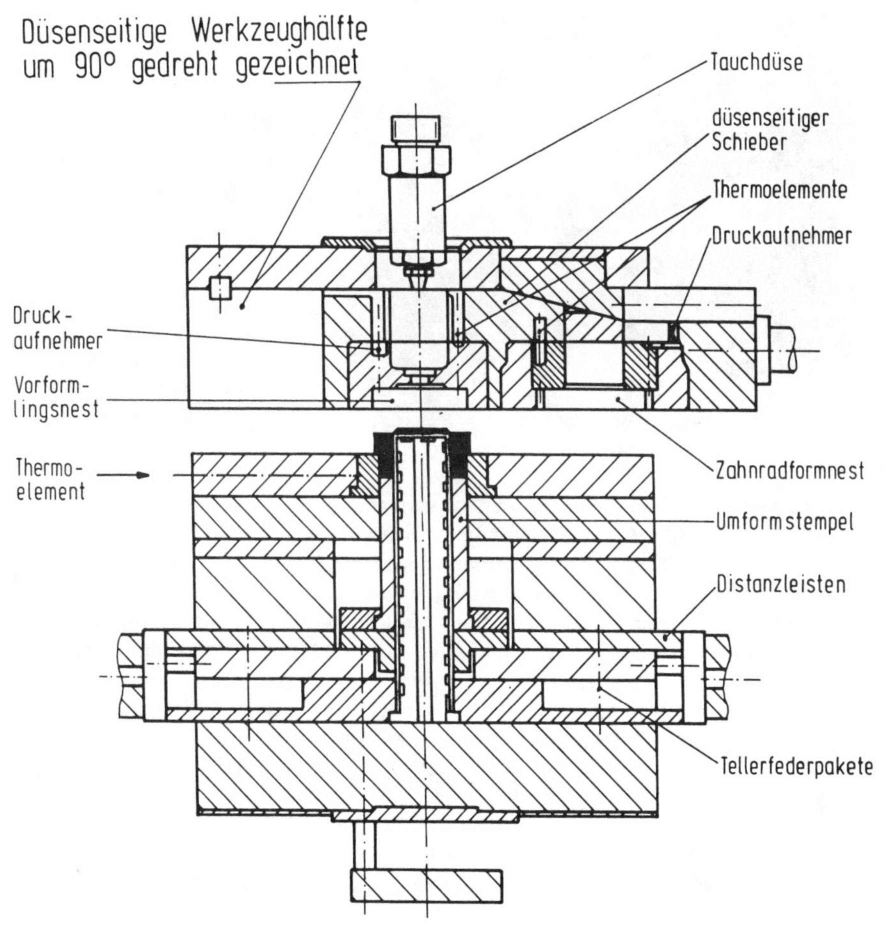

Bild 4.6: Schnittzeichnung des SPR-Zahnradwerkzeuges (m = 3, z = 31; vereinfacht)

Bild 4.7:
SPR-Werkzeug für Zahnräder mit Modul m = 3 (Schieber und Formnester)

Das für die Herstellung von Zahnrädern verwendete Spritzgießwerkzeug ist in den Bildern 4.6 und 4.7 dargestellt. Im düsenseitigen Schieber sind zwei Formnester zur Herstellung des konventionell spritzgegossenen Vorformlings zu erkennen. Der direkt durch die Tauchdüse angespritzte Vorformling wird noch während seiner Abkühlphase nach einer kurzen Werkzeugöffnung und einem düsenseitigen Formnestwechsel im Zahnradformnest mittels der Schließkraft preßgereckt. Hierzu werden während der Werkzeugöffnung die Distanzleisten aus den zwei auswerferseitigen Formplattenpaketen herausgefahren, so daß der in das hintere Formplattenpaket eingesetzte Umformstempel die Schließkraft auf die Ringfläche des Vorformlings übertragen kann. Tellerfederpakete zwischen den Formplattenpaketen halten die Trennebene während des Umformvorganges geschlossen. Nach Ablauf der Druckhaltezeit öffnet sich die Trennebene erneut und das fertige SPR-Zahnrad wird durch einen erneuten Schieberwechsel über eine düsenseitige Auswerfereinrichtung ausgeworfen.

Für das Federwerkzeug sind bis auf die unterschiedlichen Formnester Verfahrensablauf und Werkzeugaufbau mit dem für das SPR-Zahnrad identisch.

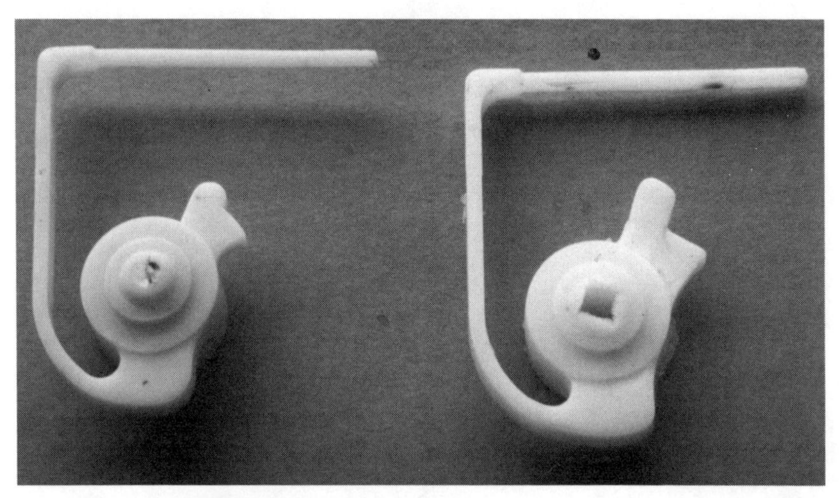

Bild 4.8: SPR-Schloßfedersystem.
Links: Feder-Vorformling; rechts: SPR-Schloßfeder

4.2.3 Prozeßparameter beim SPR

Nach dem bisher Gesagten gliedert sich die Herstellung von SPR-Formteilen in zwei Schritte:

a) Herstellung eines Vorformlings durch konventionelles Spritzgießen;
b) Preßrecken des Vorformlings zum fertigen SPR-Formteil.

Die Herstellung der Vorformlinge erfolgt nach den üblichen Kriterien für Spritzgießverarbeitung, wobei in erster Linie auf eine geeignete Gefügestruktur (gleichmäßig und feinkristallin, keine Lunker und Einfallstellen) geachtet wird; die Maßhaltigkeit spielt wegen der sich ohnehin anschließenden Formänderung noch keine Rolle. Für die sich nach einer definierten Abkühlzeit $t_1 = t_{kü}$ anschließende Preßreckung stehen die folgenden Preßreck-Verfahrensparameter zur Verfügung:

a) der Preßreckgrad;
b) die Temperaturverteilung im Vorformling, die mit einem speziellen Computerprogramm bestimmt wird (Bild 4.9, entspricht Kühlzeit $t_{kü}$);
c) die Werkzeugtemperatur;
d) die Umformkraft;
e) die Umformgeschwindigkeit;
f) die Druckhaltezeit nach dem Umformen (Kühlzeit t_2).

T_v = Vorformlingstemperatur uber Wanddicke S_H

T_m = Gemittelte Vorformlingstemperatur

S_H = Wanddicke vom Hohlzylinder (Vorformling)

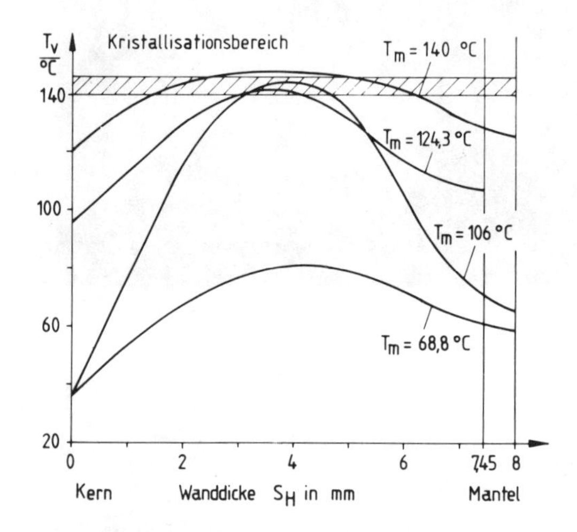

Bild 4.9: Temperaturverteilung über der Wanddicke im Zeitpunkt der Preßreckung

Bei der Konstruktion der Zahnradwerkzeuge wurde der Außendurchmesser des Vorformlings (eines Hohlzylinders) gleich dem Stirnrad-Fußkreisdurchmesser gewählt. Der geometrische Preßreckgrad ist dadurch festgelegt und in allen Fällen konstant (λ_r = 2,2). Dieser Preßreckgrad gilt auch für die Auslegung der gereckten Bereiche am SPR-Federwerkzeug.

Die Temperaturverteilung im Vorformling zum Zeitpunkt des Preßreckbeginns ist eine weitere entscheidende Einflußgröße für die Ausbildung einer lokalen molekularen Orientierung im Fertigteil. Temperatur und Temperaturverteilung lassen sich über die Abkühlzeit im Vorformlingsnest, dessen Temperatur und über die Formnestwechselzeit beeinflussen. Die Einstellung der Werkzeugtemperatur im Preßreckformnest kann getrennt von der des Vorformlingsnestes erfolgen. Damit sind insbesondere die Zykluszeit, die Form- und Maßgenauigkeit und die thermische Formstabilität beeinflußbar.

Die Höhe der einzustellenden, maximal wirksamen Umformkraft an der Preßreckstempelfläche richtet sich primär nach den maßlichen Bedingungen im Bauteil, aber auch nach den verwendeten Thermoplasten und dem gewählten Temperaturprofil im Vorformling während des Preßreckens. Die Druckhaltezeit ist an der werkstoffspezifisch festzulegenden Entformungstemperatur zu orientieren und muß die geforderte Formstabilität gewährleisten.

Die Umformgeschwindigkeit übt einen erheblichen Einfluß auf die Fließvorgänge beim Umformen aus. Zu hohe Umformgeschwindigkeiten können ein inhomogenes Fließen bewirken, was zu starken Fließlinien und anderen Werkstoffschädigungen wie Aufbruch der Außenhaut oder Rissen führt.

Bei der Fertigung von SPR-Formteilen in unserem Technikum wurden im wesentlichen die Temperaturverteilung im Vorformling, die Werkzeugtemperatur, die Umformkraft und die Umformgeschwindigkeit variiert. Die Qualität der Umformlinge wurde vornehmlich anhand der Form- und Maßgenauigkeit beurteilt. Hierzu wurden bei den Zahnrädern

- der Kopfkreisdurchmesser,
- der Fußkreisdurchmesser und
- die Zahnweite w, gemessen über 4 Zähne

bestimmt. Die nachstehend angegebenen Prozeßparameter beziehen sich auf Zahnräder aus POM.

Die Zahnweite ist deutlich von Umformdruck und Werkzeugtemperatur abhängig (Bild 4.10). Mit steigender Preßkraft nimmt der Ausformgrad und damit die Form- und Maßgenauigkeit zu. Die zulässige Preßreckkraft ist nach oben durch Fließhautbildung begrenzt; sie sollte daher – werkzeugabhängig – einen

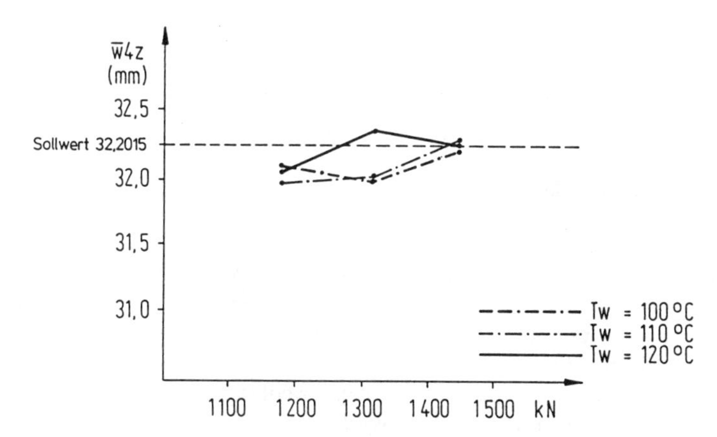

Bild 4.10: Zahnweite $\overline{w}_{4z}$ als Funktion von Preßreckkraft F und Werkzeugtemperatur T_w

Wert von 1450 kN nicht überschreiten. Die Werkzeugtemperatur sollte höher als 100 °C sein; unterhalb dieser Temperatur wiesen alle Zahnräder starke Oberflächenrisse und unvollständige Ausformungen auf. Dies ist auf das zu große Temperaturgefälle zum Zeitpunkt der Umformung und damit auf eine nicht stabile Vorformlingsoberfläche zurückzuführen.

Bei zu niedrigerer Abkühlzeit tritt Schmelze aus dem plastischen Kern durch die Vorformlingsoberfläche aus und es tritt ferner eine unerwünschte Fließfrontbildung auf. Bei Werkzeugtemperaturen T_w über 100 °C muß die Abkühlzeit größer als 360 s sein. Unterhalb dieses Limits ist die Oberfläche des Vorformlings noch nicht stabil genug, so daß beim Umformen Schmelze aus dem plastischen Kern die Oberfläche durchbricht und Fließfronten entstehen. Dadurch kann zwischen durchgebrochener und erkalteter Schmelze keine feste Verbindung mehr entstehen, so daß schon bei geringen Belastungen Zahnbruch erfolgt. Bei sehr kurzen Abkühlzeiten ($t_1 = t_{kü}$ ca. 150 s) wird nur Schmelze umgeformt, so daß keine Reckung stattfindet. Es erfolgt Spritzprägen.

Eine Variation der Umformgeschwindigkeit hatte nur einen geringen Einfluß auf Form und Maße, wohl aber auf die Ausbildung der Oberfläche. Bei höheren Umformgeschwindigkeiten traten Oberflächenrisse auf, die auf Überbeanspruchung des Materials (Weißbruch) zurückzuführen sind. Eine Umformgeschwindigkeit kleiner als 5 mms^{-1} wurde als optimal ermittelt.

Es sei darauf hingewiesen, daß mit diesen Optimalwerten für Preßreckkraft, Abkühlzeit, Werkzeugtemperatur und Umformgeschwindigkeit noch keine Aussage über Lage, Größe und Orientierungsgrad der orientierten Bereiche verbunden ist.

4.3 Eigenschaften von SPR-Teilen

4.3.1 Form- und Maßgenauigkeit

Die Geometrie der Zahnräder wurde anhand der Zahnweite und der Evolvente sowie durch Zweiflankenwälzprüfung beurteilt. Sowohl bei den spritzgegossenen als auch bei den spritzgießpreßgereckten Zahnrädern konnte eine weitgehende Übereinstimmung zwischen wahren und vorgegebenen Maßen erzielt werden. Die hierzu notwendige Optimierung der Verfahrens- und Werkzeugparameter betraf bei den SPR-Zahnrädern weniger die radiale als vielmehr die axiale Richtung (Zahnbreite). Dies wird durch Druckverluste verursacht und erfordert gegenüber spritzgegossenen Stirnrädern eine aufwendige Zahnformnestkorrektur. Die Verzahnungsqualität, gemessen mittels der Zweiflankenwälz-

Tabelle 4.1: Qualitätsvergleich von SG- und SPR-Zahnrädern

Zahnrad-Werkstoff	Qualität nach DIN 3963: Zweiflankenwälzprüfung	Qualität nach DIN 3962: Evolventenprüfung
SG/POM	12	10
SPR/POM	12	11
SG/POM-GV	11	8–9
SPR/POM-GV	10–11	8

prüfung (DIN 3963), ergab sowohl für die spritzgießpreßgereckten als auch für die spritzgegossenen, unverstärkten Zahnräder aus POM (Modul m = 2, Zahnzahl z = 22) die Qualitätsstufe 12. Die kurzglasfaserverstärkten POM-Stirnräder erreichten jeweils die Qualitätsstufe 11 (Tab. 4.1). Diese Qualitätsstufen sind bei durchschnittlichen Anforderungen völlig ausreichend.

4.3.2 Mechanische Eigenschaften

4.3.2.1 SPR-Zahnräder

An den SPR-Formteilen wurden sowohl mechanisch-statische als auch mechanisch-dynamische Untersuchungen, an den spritzgegossenen (SG-) und an den SPR-Zahnrädern auch Laufversuche an einem Zahnradprüfstand durchgeführt.

In dem Bild 4.11 sind Ergebnisse von Zug-Prüf-Messungen an SPR-Formteilen aus PA-12 wiedergegegeben. Aus den Diagrammen wird deutlich, daß schon geringe Reckgrade eine erhebliche Festigkeitssteigerung auf das 1,5- bis 2,5fache bewirken.

Für weitere quasi-statische Untersuchungen wurden an einer Instron-Universal-Prüfmaschine Kraft-Verformungs-Messungen bei einer Abzugsgeschwindigkeit von 5 mm min^{-1} durchgeführt. Mittels eines speziellen Aufnehmers für die Zahnräder, der auch für die dynamischen Messungen verwendet wurde, wurden zwei Zähne auf Biegung belastet. Aus diesen Versuchen kann gefolgert werden, daß die SPR-geformten Zähne im Vergleich zu den nur spritzgegossenen deutlich steifer sind (Bild 4.12). Die Bruchwerte liegen bei unverstärktem POM-SPR-Teilen um etwa 11 % und bei kurzglasfaserverstärkten (GV-) um etwa 36 % über denen der spritzgegossenen Teile. Die biegesteiferen Zähne werden im Betrieb weniger verformt, so daß die Gefahr vorzeitigen Versagens durch zu hohe Deformationen deutlich kleiner ist.

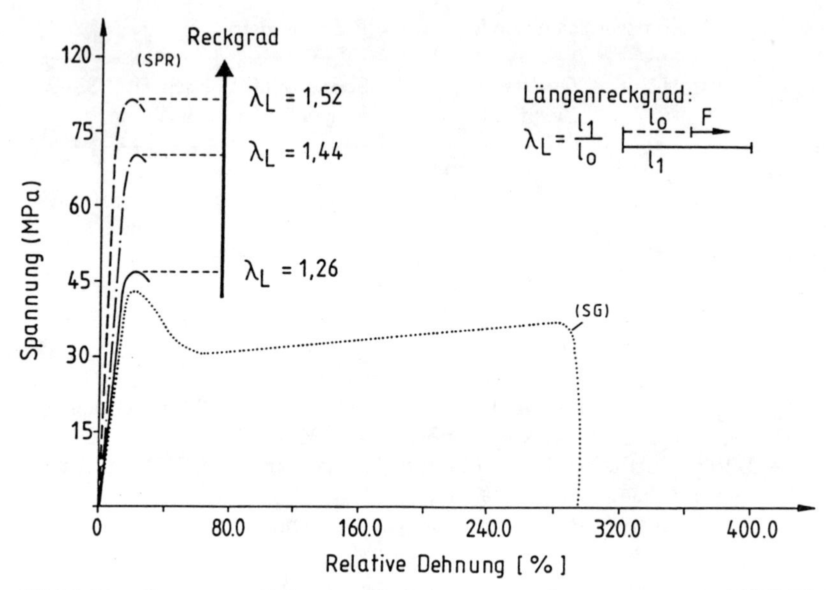

Bild 4.11: Spannungs-Dehnungs-Verhalten von spritzgegossenen und SPR-Kleinprüfstäben aus PA-12

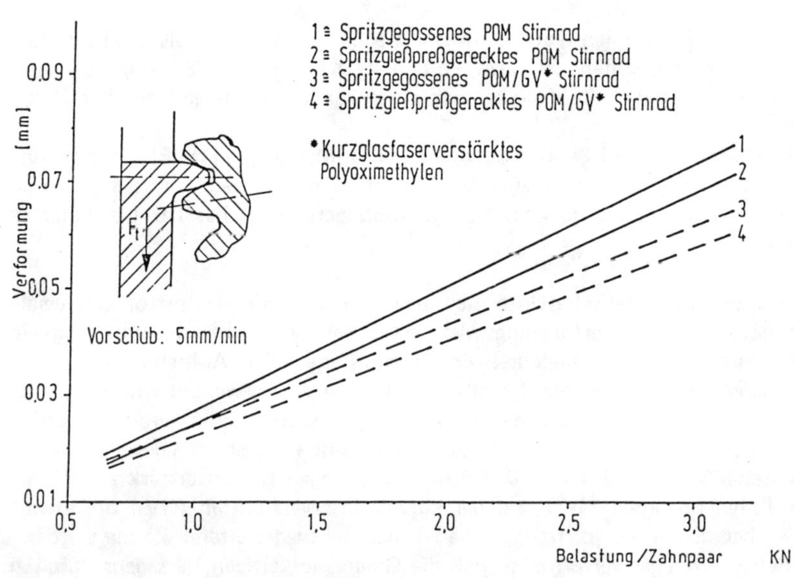

Bild 4.12: Steifigkeitsvergleich zwischen SG- und SPR-Zahnrädern

In einer kraftgesteuerten Hydropulsanlage wurden, unter Verwendung der oben erwähnten Zahnradprüfvorrichtung, zwei gegenüberliegende Zähne eines Zahnrades einer schwellenden Biegung mit einer Frequenz von 80 Hz ausgesetzt, um die dynamisch-mechanischen Eigenschaften zu charakterisieren. Derartige Prüfungen lassen zwar Aussagen über die Zahnfußfestigkeit unter dynamischer Belastung zu, nicht aber auf die tatsächliche Lebensdauer (die z.B. durch Laufversuche auf einem Zahnradprüfstand ermittelt werden kann), da weder die Form- und Maßgenauigkeit, noch das Abriebverhalten, der Einfluß einer Schmierung oder der Umgebungstemperatur berücksichtigt werden.

Die im Wöhlerdiagramm (Bild 4.13) dargestellten Ergebnisse lassen erkennen, daß die SPR-Zahnräder eine wesentlich höhere Tangentialkraft bei gleicher Schwingspielzahl zulassen. Bei den SPR-POM-Zahnrädern beträgt die Verbesserung 45 % und bei den SPR-POM-GV-Zahnrädern ca. 70 % (extrapoliert) bis zum Bruch im Zahnkörper oder im Zahnfuß. Diese Festigkeitserhöhung ist bedingt durch die orientierten Bereiche im Zahnfuß und im Zahnflankenbereich, bei den SPR-POM-GV-Zahnrädern auch auf die Orientierung der Kurzglasfasern und auf Bereiche erhöhter Konzentration an diesem Füllstoff.

Die Ergebnisse zeigen, daß durch Preßrecken schon bei relativ niedrigem geometrischem Preßreckgrad ein zulässiges Lastniveau erreicht wird, das weit höher ist als das spritzgegossener Zahnräder aus dem gleichen Material.

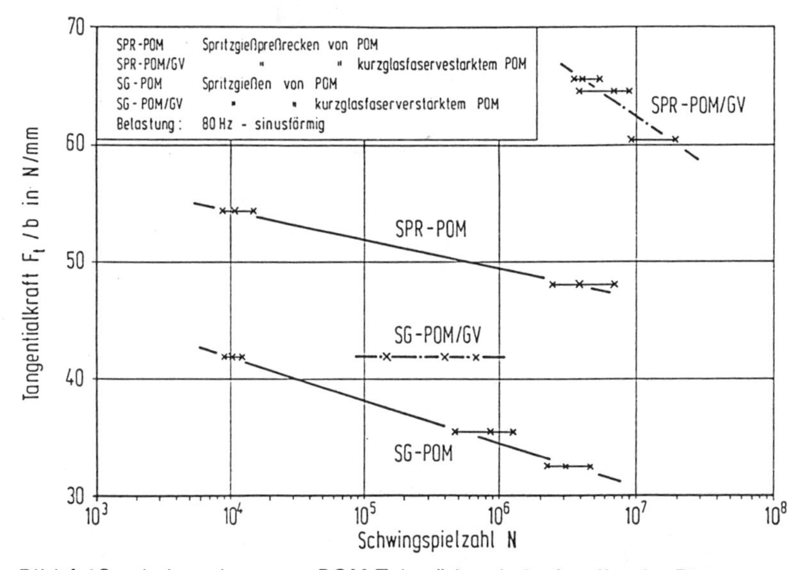

Bild 4.13: Lebensdauer von POM-Zahnrädern bei schwellender Biegung

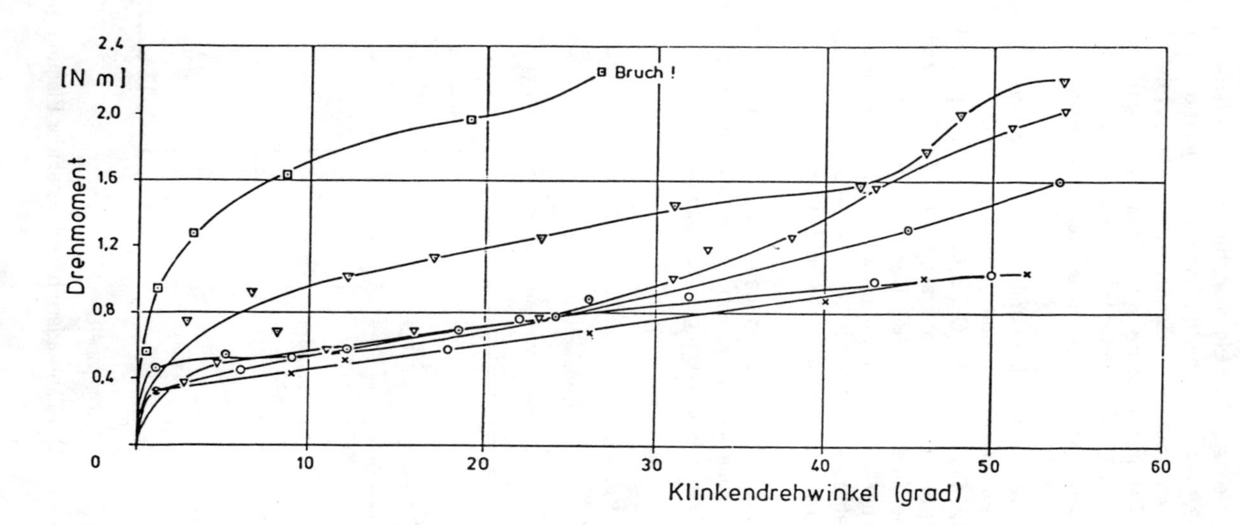

× C 9021 Vorformling
○ C 9021 SPR Verfahren
▽ C 9021 SPR m. Fallenfedereinfluß
⊙ POM C 9021 GV 7,5 SPR
▼ POM C 9021 GV 15 SPR
⊡ POM C 9021 GV 30 SPR

Bild 4.14: Federkennlinien des Schloßfedersystems

Die Untersuchungen zur Lebensdauerermittlung auf Zahnrad-Prüfständen, die noch nicht abgeschlossen sind, lassen eine deutliche Erhöhung der Lebensdauer und eine Verringerung der Streubreite der Lebensdauerkennwerte erkennen.

4.3.2.2 SPR-Schloßfeder

Wirkt eine Kraft F oder ein Moment M auf eine Feder, dann verformt sie sich um einen Federweg s, bzw. um einen Verdrehwinkel φ. Über $s = c(F)\ F$ wird eine Federsteifigkeit c (Federrate) definiert, die die der Federauslegung zugrundeliegende Größe darstellt. Die Federrate für eine Schloßfeder, die aus einer der Einbaulage im Schloß entsprechenden Prüfsituation ermittelt wurde, ist in Bild 4.14 dargestellt. Wie aus den Federkennlinien, d.i. dem funktionellen Zusammenhang zwischen Klinkendrehmoment und Klinkendrehwinkel, ersichtlich ist, sind die SPR-Schloßfedern mit und ohne Glasfaserverstärkung deutlich steifer als die spritzgegossenen Schloßfedern. Dies ist auf die durch die Preßreckung bewirkte, gezielt in der Federhauptbelastungszone erzeugte, partielle Orientierung der Makromoleküle zurückzuführen.

Durch Kurzglasfaserverstärkung wird die Federsteifigkeit nochmals deutlich erhöht, was wie bei den SPR-GV-Zahnrädern durch die Orientierung und die Erhöhung der Konzentration der Glasfaseranteile in der Federhauptbelastungszone bedingt ist.

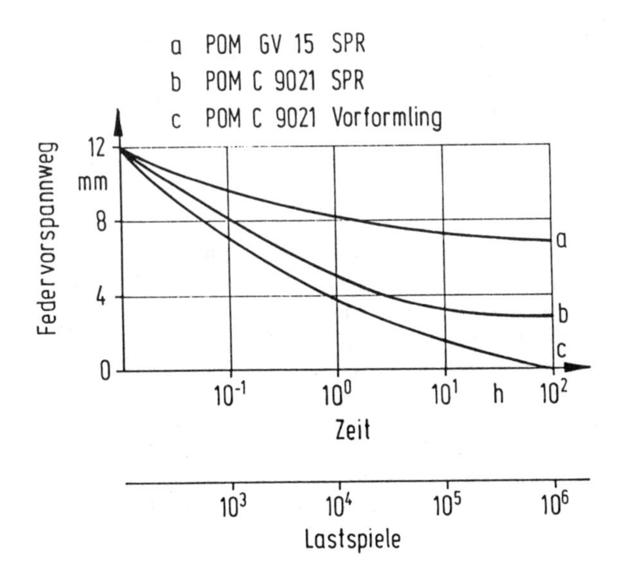

Bild 4.15: Dauerfestigkeit der Schloßfedern bei dynamischer Belastung (Federvorspannweg als Funktion von Prüfzeit, Lastspielzahl und Werkstoffart)

Die SPR-Schloßfedern zeigen, im Gegensatz zu spritzgegossenen Schloßfedern, selbst nach längerer Zeit und hoher Lastspielzahl eine deutlich reduzierte Kriechneigung (Bild 4.15). Dabei wurden bei der SPR-Schloßfeder hohe Vorspannreste gemessen, welche für eine einwandfreie Funktionsfähigkeit des Schlosses sicher ausreichen (17). Auch dies ist auf die preßreckinduzierten Strukturbesondereheiten zurückzuführen.

4.4 Aufbau und Struktur von SPR-Teilen

4.4.1 Polarisationsmikroskopische Untersuchungen

Die durch das Preßrecken induzierten Dehn- und Scherströmungen bewirken im Fertigteil Überstrukturen und Molekülorientierungen, die mittels polarisationsoptischer Methoden näher analysiert werden können. So lassen polarisationsmikroskopische Aufnahmen von teilkristallinen Thermoplasten deren Kristallitverteilung erkennen und liefern daher Informationen über den morphologischen Aufbau entsprechender Formteile und die bei einer Umformung ablaufenden Deformations- und Orientierungsprozesse. Sphärolithische Überstrukturen und deren Veränderung mit der Deformation sind mit dem Polarisationsmikroskop an Dünnschnitten eindrucksvoll zu beobachten.

Während an spritzgegossenen Zahnrädern keine Orientierungserscheinungen beobachtbar sind, sind an SPR-Teilen ausgeprägte vorzugsorientierte Zonen um den Zahnflanken- und den Zahnfußbereich sichtbar (Bilder 4.16 und 4.17). Die Dünnschnitte von 30 μm Dicke wurden der Zahnmitte entnommen. Ein quantitativer Zusammenhang zwischen Preßreckparametern und Lage und Größe der orientierten Bereiche konnte nicht ermittelt werden.

4.4.2 Doppelbrechungsmessungen

Die Doppelbrechung wurde zwischen Zahnradmitte und Zahnfuß sowie zwischen Zahnfuß und Zahnspitze längs der Zahnflanke gemessen (Bild 4.18). Aus diesen Messungen geht hervor, daß die maximale Reckung in Höhe des Zahnfußes erfolgt, so daß dort die höchsten Orientierungen vorliegen; die Doppelbrechung ist dort am höchsten. An der Zahnspitze dagegen werden die geringsten Orientierungen gemessen. Die Stärke dieser Orientierungen hängt von den Preßreckparametern ab:

- je höher die Umformgeschwindigkeit ist und je kürzer die Abkühlzeit $t_1 = t_{kü}$ ist, desto höher ist die Orientierung und desto näher liegt deren Maximalwert am Zahnfluß;

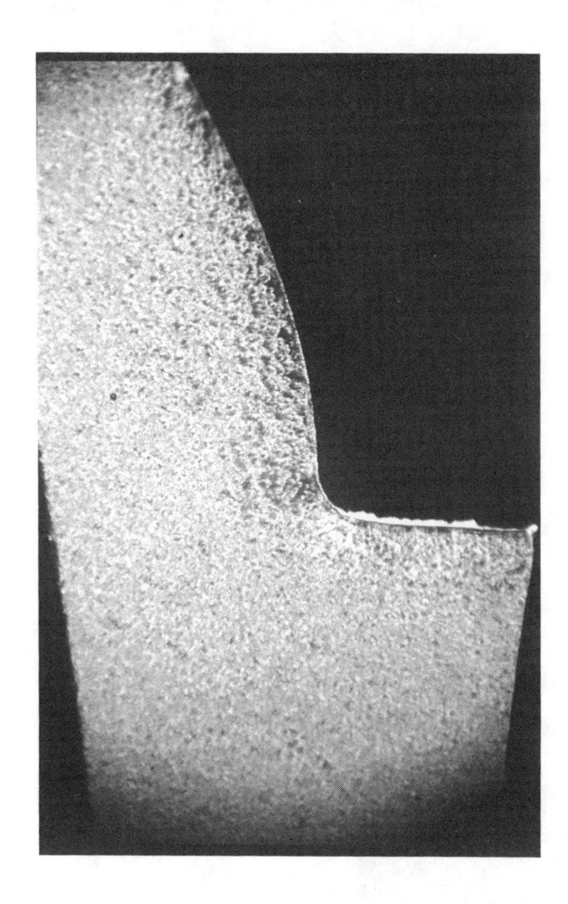

Bild 4.16: Polarisationsmikroskopische Aufnahme eines spritzgegossenen Zahnrades (Ausschnitt: einzelner Zahn). Keine Orientierung erkennbar

– je höher die Werkzeugtemperatur ist, desto höher ist die Orientierung und desto größer ist der Abstand von deren Maximalwert vom Zahnfuß.

Der Einfluß der Umformkraft läßt sich nicht sicher beurteilen, da mit steigendem Druck zwangsläufig auch die Umformgeschwindigkeit anwächst.

Das allgemeine Vorgehen bei der Optimierung der SPR-Verfahrensparameter anhand optischer Kriterien wird durch Bild 4.19 illustriert.

Allgemein läßt sich sagen, daß Reckgrad und Orientierung durch die Verfahrensparameter bestimmt sind, während die Lage der orientierten Bereiche durch die Werkzeuggeometrie festgelegt wird.

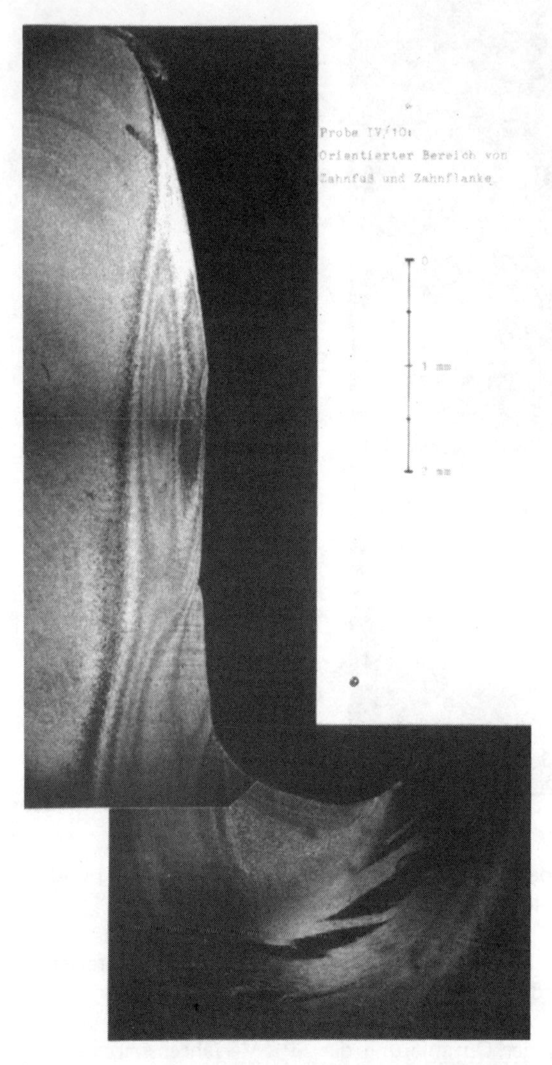

Bild 4.17: Polarisationsmikroskopische Aufnahme eines SPR-Zahnrades (Ausschnitt: einzelner Zahn). Deutliche Orientierungen im Zahnflanken- und Zahnfußbereich

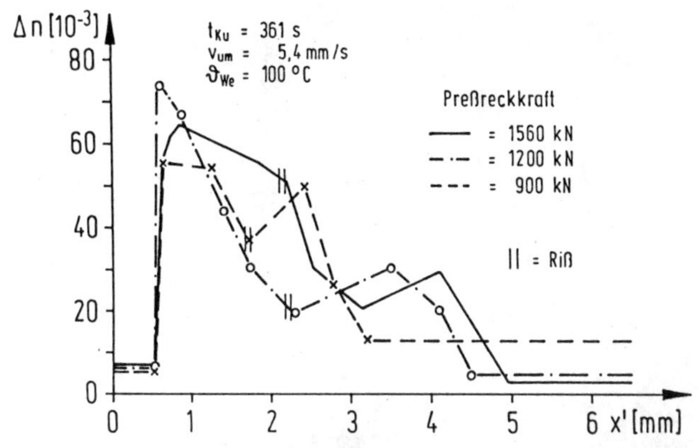

Verlauf der Doppelbrechung entlang der x'-Achse (Zahnflankenbereich)

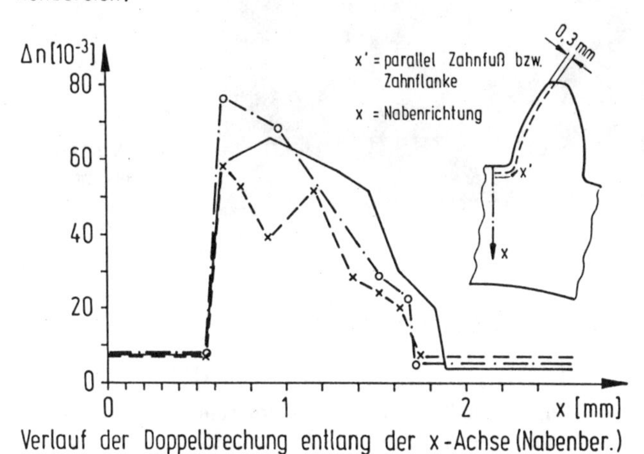

Verlauf der Doppelbrechung entlang der x-Achse (Nabenber.)

Bild 4.18: Doppelbrechung im Zahn als Funktion der Preßreckkraft

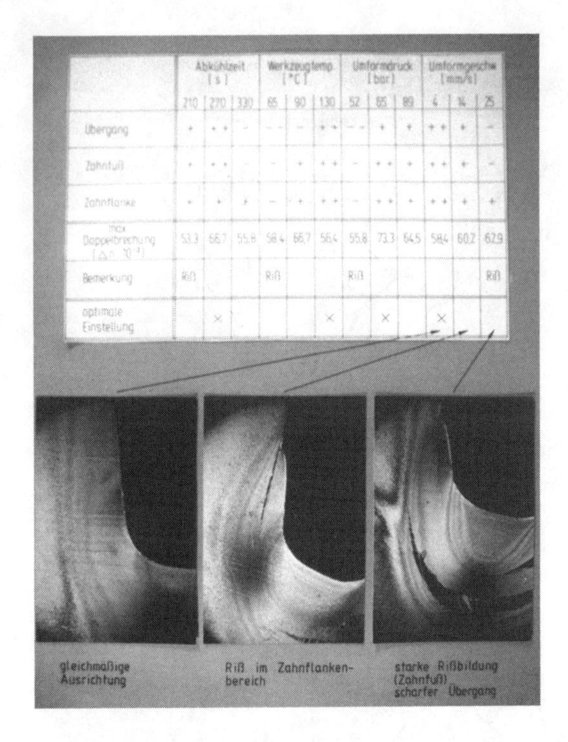

	Abkühlzeit [s]			Werkzeugtemp [°C]			Umformdruck [bar]			Umformgeschw [mm/s]		
	210	270	330	65	90	130	52	65	89	4	14	25
Übergang	+	++	-	--	-	++	--	+	+	++	+	-
Zahnfuß	+	++	-	-	+	++	-	++	+	++	+	-
Zahnflanke	+	+	+	-	+	++	-	++	+	++	+	+
max Doppelbrechung [Δn 10⁻³]	53.3	66.7	55.8	58.4	66.7	56.4	55.8	73.3	64.5	58.4	60.2	62.9
Bemerkung	Riß			Riß			Riß					Riß
optimale Einstellung		×				×		×		×		

Bild 4.19:
SPR-Verfahrensoptimierung mittels optischer Kriterien für den Zahnfußbereich

4.5 Wirtschaftlichkeitsbetrachtungen

Nachfolgend wird, beispielhaft auch für andere Teile, die Kalkulation der Fertigungskosten für eine multifunktionale Kunststoffeder, die mittels SPR-Technik gefertigt wurde, wiedergegeben. Für die Vorkalkulation, die in Form einer Zuschlagskalkulation durchgeführt wird, werden die Angaben aus Tab. 4.2 zugrundegelegt. Die dort aufgeführten Gemeinkostensätze wurden aktueller Literatur entnommen (18, 19). Mittels des in Tab. 4.3 wiedergegebenen Kalkulationsschemas ergibt sich ein Angebotspreis von DM 2,27/Stück. Da bei der Konstruktion eines Tür-Einsteckschlosses mit multifunktionellen Thermoplast-Federelementen einige Baugruppen der herkömmlichen Ganzmetallschlösser übernommen werden können, können für einen Kostenvergleich die Selbstkosten der Kunststoffelemente mit denen der durch sie ersetzten Metallelemente verglichen werden (20). Diese Metallteile sind in Bild 4.20 dargestellt; die zugehörigen Selbstkosten sind in das Bild eingesetzt. Diese Kosten wurden in Abstimmung mit einem Federhersteller und mit Hilfe geeigneter Kalkulationsrichtlinien ermittelt (19). Nach dem gleichen Schema wurden die Kosten für das Riegel-

Tabelle 4.2: Vorkalkulation einer Klinkenfeder

Produktbezeichnung		Klinkenfeder
Auftragsstückzahl	Stck/Auftrag	100.000
Werkstoff		POM C9021 (Hoechst)
Werkstoffmenge	g/Stck	25
Werkstoffpreis (bei Abnahme von 2–5 to/a, Stand: Jan. 1985)	DM/kg	8,10
Maschine		Klöckner Ferromatik FM 110
Maschinenstundensatz	DM/h	15,40
Zykluszeit	sec	200
Fertigungskapazität	h/Monat	500
Rüstkosten	DM/h	500
manuelle Fertigungskosten	DM/h	10
Fertigungsausschuß	%	6
Materialkostengemeinsatz	%	4
Verwaltungskostengemeinsatz	%	5
Vertriebskostengemeinsatz	%	7

Tabelle 4.3: Kalkulationsschema zur Ermittlung der Herstellungskosten für eine Kunststoffeder nach dem SPR-Verfahren

1	Fertigungsmaterial	20.250	DM/Auftrag
2	Materialgemeinkosten (4% von Pos. 1)	810	DM/Auftrag
3	Maschinenfertigungskosten	85.556	DM/Auftrag
4	manuelle Fertigungskosten	55.556	DM/Auftrag
5	Musterungskosten	– –	– –
6	Umrüstkosten	500	DM/Auftrag
7	Hilfsstoffe	– –	– –
8	Einlegeteile	– –	– –
9	Zwischensumme	162.672	DM/Auftrag
10	Fertigungsausschußkosten (6 % von Pos. 9)	6.507	DM/Auftrag
11	Herstellkosten 1	169.179	DM/Auftrag
12	Sonderkosten	– –	– –
13	Herstellkosten	1,69	DM/Stück
14	Verwaltungsgemeinkosten (5 % von Pos. 11)	8.459	DM/Auftrag
15	Vertriebsgemeinkosten (7 % von Pos. 11)	11.843	DM/Auftrag
16	Selbstkosten	189.481	DM/Auftrag
	Selbstkosten	1,89	DM/Stück
17	Kalkulatorischer Gewinn	9.474	DM/Auftrag
18	14 % MWSt	27.854	DM/Auftrag
19	Preis des Auftrags	226.809	DM/Auftrag
20	Angebotsstückpreis	2,27	DM/Stück

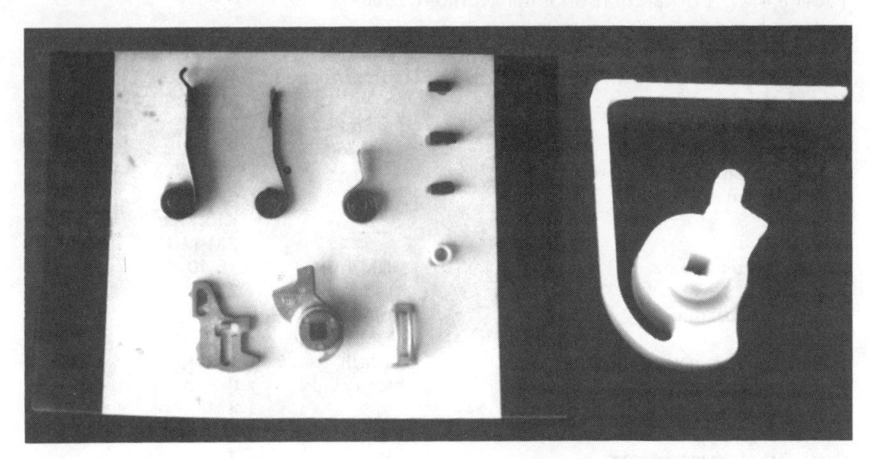

Bild 4.20: Durch ein SPR-Schloßfedersystem ersetzbare Teile

Tabelle 4.4: Kostenvergleich für Schlösser in Ganzmetall- und teilweiser Kunststoffausführung

Schloß mit Kunststoff-Federelementen		Schloß in Ganzmetallbauweise
Klinkenfederelement (SPR-Verfahren, POM)	1,89 DM/Stück	ersetzte Teile siehe Bild 4.20
Riegelsperrenfeder (Spritzguß, POM)	0,25 DM/Stück	
Summe	2,14 DM/Stück	1,50 DM/Stück

sperrenfederelement berechnet. Diese Kosten sind in Tab. 4.4 gegenübergestellt. Diese Gegenüberstellung bezieht sich auf die reinen Bauteilkosten und läßt die Kosten durch höheren Fertigungsaufwand bei dem Ganzmetallschloß, der auf einer größeren Teilezahl, sowie auf komplexeren Montageverfahren (Einnieten von Vierkanten usw.) beruht, außer Betracht. Insgesamt läßt sich abschätzen, daß die Kosten für Schlösser der verglichenen Bauweisen bei dem derzeitigen Stand der SPR-Technik annähernd gleich sind. Eine weitere Optimierung der SPR-Verfahrenstechnik kann den Vergleich mit anderen Herstellungstechniken jedoch deutlich günstiger gestalten (Bild 4.12).

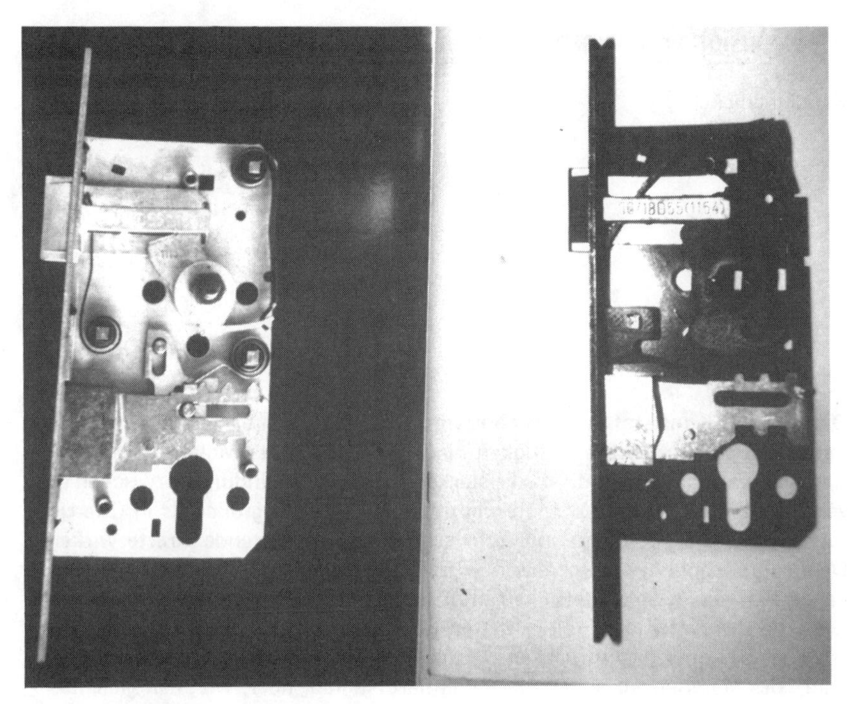

Bild 4.21: SPR-Schloßfedersystem, in ein konventionelles Türschloß eingebaut (rechts). Konventionelles Ganzmetall-Türschloß (links)

5 Extrusion von Kunststoffen im festen Zustand

B.J. Jungnickel

5.1 Allgemeines

Die meisten Kunststoffe, Thermoplaste insbesondere, sind aus langen Kettenmolekülen aufgebaut. Die Festigkeit eines Bündels solcher Moleküle ist in Richtung der Ketten, bedingt durch die starken chemischen Bindungen zwischen den verschiedenen Atomen und Molekülgruppen, wesentlich größer als in Querrichtung, wo, wenn überhaupt, nur schwache zusammenhaltende Kräfte wirken. Die makroskopischen mechanischen Eigenschaften eines Kunststoffs hängen daher, was Richtungsabhängigkeit und Betrag anbetrifft, wesentlich davon ab, wie groß der Anteil der Molekülketten ist, die längs belastet werden, und wie groß der der quer beanspruchten Ketten ist; sie hängen vom „Orientierungsgrad" des Materials ab. Ein hoher Orientierungsgrad, oder, wie man gleichbedeutend sagen kann, eine ausgeprägte Textur, bedingt natürlich eine hohe Anisotropie der mechanischen Eigenschaften. Dies ist jedoch häufig nicht hinderlich und zuweilen sogar erwünscht.

Eine gute Orientierung allein reicht jedoch zur Erzielung einer in Orientierungsrichtung hohen Festigkeit nicht aus. Ein Blick auf Bild 5.1 macht dies sofort klar. In den Teilbildern a) und b) sind zwei Ausschnitte aus möglichen übermolekularen Strukturen, d.h. Molekülanordnungen, abgebildet. Sie unterscheiden sich hinsichtlich ihres Orientierungsgrades (der im übrigen durch den im Teilbild c) definierten „Orientierungsfaktor" f charakterisiert werden kann) praktisch nicht. Ganz offensichtlich aber ist die Festigkeit der Struktur a), die durch einen hohen Anteil T an rückgefalteten Ketten gekennzeichnet ist, wesentlich schlechter als die der Struktur b), bei der der größte Teil der Ketten längs durchläuft und so an der Kraftübertragung teilnehmen kann. Diese durchlaufenden Ketten werden als tie-Moleküle bezeichnet. Hochfeste Kunststoffe müssen also nicht nur über eine ausgeprägte Textur verfügen; es muß auch eine übermolekulare Struktur vorliegen, die eine hohe Anzahl an tie-Molekülen enthält.

Wie lassen sich die beiden genannten Strukturmerkmale praktisch, insbesondere technisch, realisieren? Zunächst einmal ist vorauszuschicken, daß die Moleküle fast aller Massenkunststoffe in der Schmelze und im Amorphen im thermodyna-

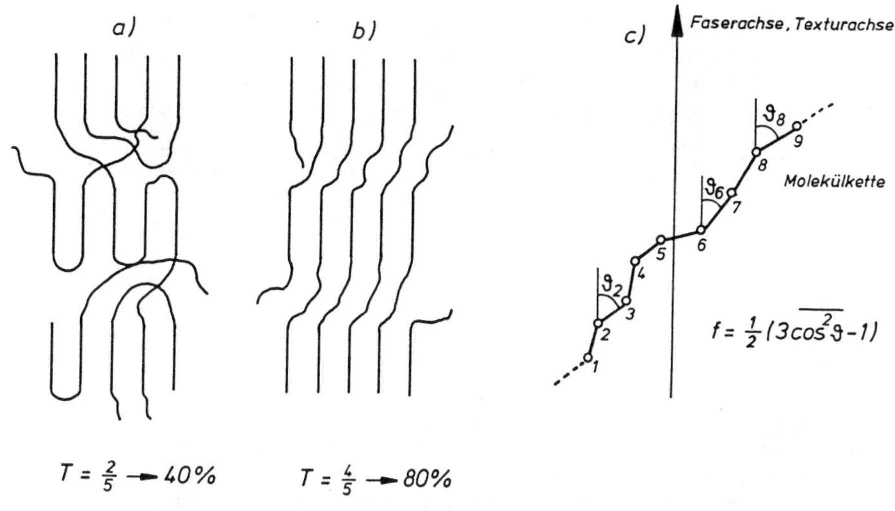

Bild 5.1: Übermolekulare Strukturen unterschiedlichen tie-Molekül-Gehalts (a, b) und Definition des Orientierungsfaktors f (c)

mischen, strukturellen Gleichgewicht die Gestalt eines Knäuels annehmen. Orientieren, ausrichten, parallelisieren der Ketten ist also nur gegen Widerstand möglich. Der orientierte Zustand ist daher auch nicht stabil und kann nur durch geeignete Hemmung der Rückbildung in die Knäuelform („Relaxation") aufrechterhalten werden. Das Orientieren der Ketten – gegen den erwähnten Widerstand und gegen die Relaxationsneigung – ist ausschließlich durch Dehnen möglich, entweder der Schmelze in einer Dehn- oder Scherströmung oder des hochviskosen oder festen Materials durch „Verstrecken". Die für das Verstrecken nötige Nachgiebigkeit des Kunststoffes wird technisch üblicherweise durch Erwärmen bewirkt. Die thermisch induzierte Beweglichkeit der Moleküle macht dann zwar ein Dehnen möglich; jedoch kann durch sie ein Teil der durch das Dehnen bewirkten Orientierung sofort wieder relaxieren. Auch wird ein Teil der Deformation von vorneherein viskos ablaufen, also orientierungsunwirksam sein. Bei kristallisierbaren Kunststoffen kommt noch hinzu, daß die Kristallisation unter den Bedingungen, unter denen Relaxation möglich ist, bevorzugt unter Bildung von Kettenfaltungen abläuft. All dies zusammen bewirkt, daß unter den üblichen technischen Bedingungen das Ausmaß der erzielbaren Orientierung begrenzt ist und die übermolekulare Struktur einen vergleichsweise geringen Anteil an tie-Molekülen aufweist.

Zwar kann durch Optimierung der technisch einstellbaren Parameter wie Temperatur, Deformationsgeschwindigkeit usw., wie auch durch eine zweckmäßige Wahl der Materialkenngrößen (z.B. des Molekulargewichts) das Verhältnis zwi-

Tabelle 5.1: Typische Werte für Dehngrade λ, Orientierungsfaktoren f, tie-Anteile T, Elastizitätsmoduln E und Bruchfestigkeiten σ_B (für die letzten beiden auch die theoretischen Grenzwerte E_{Th} und σ_{BTh}) einiger ausgewählter faserbildender Kunststoffe (in Klammern: Quelle lt. Literaturliste)

Material	λ	f[a)] (8)	T (8)	E	E_{Th}	σ_B	σ_{BTh}
				/GPa/			
PA-6	5	0,6	0,09	5 (9)	150 ... 250 (9)	0,1 (9)	2. . . 5 (9)
PE-HD	15	0,9	0,06	5 (9)	316 (3)	0,2 (9)	3,7 (6)
PVAL	15	0,7	0,14			0,08 (10)	2,1 (10)
Poly-p-Phenylen-terephthalamid (Kevlar 49®)	1,5[b)]	0,9	0,66	130 (5)	195 (7)	2,6 (6)	5,3 (6)

a) Orientierungsfaktor f, definiert durch Bild 5.1c; f = 0 entspricht Isotropie, f = 1 idealer Parallelisierung aller Ketten

b) lösungsgesponnen, ohne Nachverstreckung

schen Orientierungsauf-, -abbau deutlich zugunsten des erstgenannten verschoben werden; die effektiven, d.h. Orientierung bewirkenden Dehngrade sind jedoch im wesentlichen auf Werte unter zehn begrenzt. Damit sind auch die erreichbaren mechanischen Eigenschaftskennwerte entsprechend limitiert. In der Tabelle 5.1 sind typische Werte von effektiven Dehngraden λ, Orientierungsfaktoren f und tie-Anteilen T sowie Elastizitätsmoduln E und Bruchfestigkeiten σ_B nebst deren theoretischen Grenzwerten für einige Kunststoffe zusammengestellt. Man sieht, daß der tie-Anteil bei den herkömmlichen Massenkunststoffen 15 % nicht überschreitet und um so niedriger liegt, je besser das Material kristallisieren kann. Zwar sind die Moduli und Festigkeiten von verstreckten Fasern aus diesen Kunststoffen um das fünf- bis zehnfache höher als im isotropen Material (Bild 5.2); sie erreichen aber in der Regel allenfalls einen Bruchteil vom theoretischen Grenzwert. Dieser Bruchteil entspricht, wie sich aus den Zahlen der Tabelle 5.1 ablesen läßt, in etwa dem tie-Anteil. Daß gleichzeitig eine sehr gute Orientierung vorliegt, spielt eine nur untergeordnete Rolle. Man sieht, daß das Ziel bei der Herstellung höchstfester Kunststoffe gar nicht so sehr die Erzeugung eines möglichst hohen Orientierungsgrades, als vielmehr eines hohen tie-Anteils sein muß. Dies ist bei Kunststoffen, die aus starren, zur Faltung nicht befähigten Molekülen bestehen, wie z.B. das ebenfalls in der Tabelle 5.1 aufgeführte Kevlar®, relativ leicht erreichbar. Derartige Moleküle haben darüber hinaus noch eine intrinsische Parallelisierungstendenz. Diese Kunststoffe, die in der Technik als „selbstverstärkend" bezeichnet werden, haben einen sehr hohen

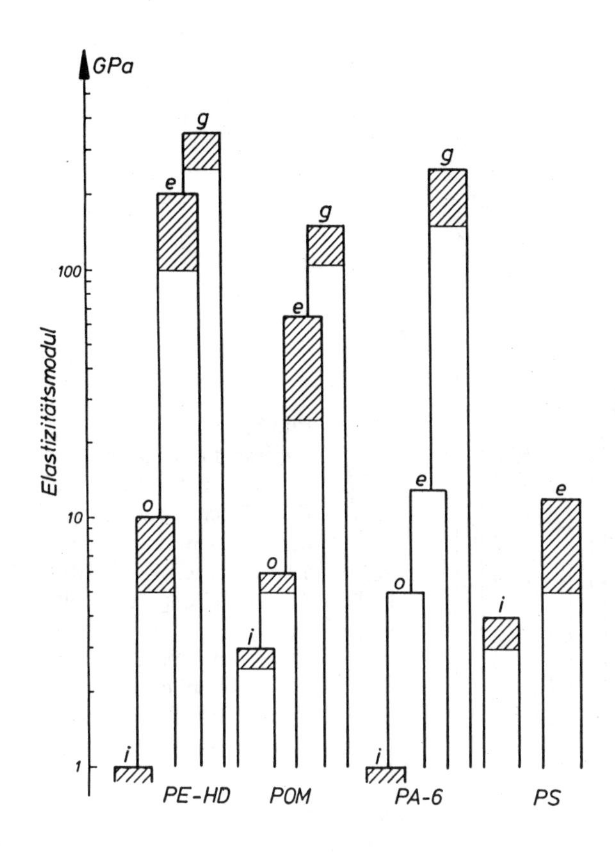

Bild 5.2a: Elastizitätsmoduln ausgewählter Kunststoffe. Die schraffierte Fläche charakterisiert den Schwankungsbereich. Man beachte die logarithmische Teilung der Ordinate.
i: isotropes Material
o: herkömmlich verstrecktes Material
e: festphasenextrudiertes Material
g: theoretisch berechneter Grenzwert

tie-Anteil; auch ist ihr Orientierungsgrad schon bei geringen Dehngraden, die häufig allein durch Dehnströmung erzielt werden können, recht hoch. Es handelt sich hierbei jedoch um Spezialpolymere, die im folgenden nicht weiter betrachtet werden sollen.

Im Bild 5.2 sind für einige wichtige Massenpolymere Werte für die Zugfestigkeit und den Elastizitätsmodul zusammengestellt, und zwar für das isotrope wie auch für das in herkömmlicher Weise verstreckte Material. Angegeben ist auch der theoretische Grenzwert. Man sieht, daß der festgestellte Sachverhalt allgemein gilt: durch das übliche Verstrecken ist zwar gegenüber isotropem Material eine Eigenschaftsverbesserung auf das fünf- bis zehnfache zu erzielen, gleichzeitig aber erreichen die beiden genannten Parameter nur etwa fünf bis fünfzehn Prozent der theoretisch möglichen Werte.

Nach dem Gesagten sollte es im Prinzip zwei Möglichkeiten geben, um das unbefriedigende Verhältnis zwischen erreichten und theoretischen Werten deut-

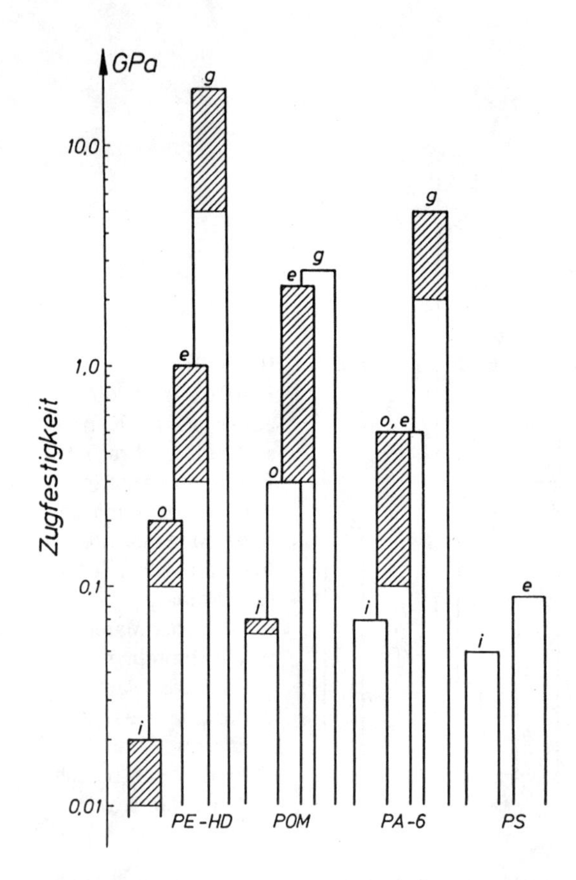

Bild 5.2b:
Zugfestigkeiten ausgewählter Kunststoffe. Die schraffierte Fläche charakterisiert den Schwankungsbereich. Man beachte die logarithmische Teilung der Ordinate.

i: isotropes Material
o: herkömmlich verstrecktes Material
e: festphasenextrudiertes Material
g: theoretisch berechneter Grenzwert

lich zu verbessern. Die eine sollte sein, entweder in einer Schmelze oder in einer Lösung eine extrem hohe Scherströmung zu erzeugen und die entstandene Struktur – noch unter Scherbedingungen – entweder durch rasches Abkühlen (der Schmelze) oder Ausfällen (der Lösung) einzufrieren. Der andere Weg wäre, auf die thermische Unterstützung der Verstreckung so weit als möglich zu verzichten, um so die sofortige Relaxation einer irgendwie erzeugten Optimalstruktur zu verhindern. Da im reinen Feststoffbereich eine homogene Deformation durch Zug kaum zu bewerkstelligen ist, kommt nur eine solche durch Druck, d.h. eine Extrusion in Frage, die dann als „Festphasenextrusion" zu bezeichnen wäre. Zweck einer solchen Extrusion ist dann nicht, wie sonst, die Formung, bzw. Umformung des Werkstoffes als solche. Beide Wege sind gangbar und auch beschritten worden; dem Theme dieses Buches entsprechend wird im folgenden aber nur der zweite näher beschrieben.

Es sei hier bereits vorab darauf hingewiesen, daß, wie in der Technik allgemein, so auch bei der Festphasenextrusion, zwar das prinzipielle Vorgehen, vielleicht auch das eine oder andere Detail der Verfahren beschrieben werden können, daß aber viele der für eigenes Arbeiten notwendigen Kenntnisse schwer wiedergebbar sind, schon allein deshalb, weil sich durch Erfahrung erworbene Fertigkeiten häufig nur durch Demonstration mitteilen lassen und im weiteren Sinne unter den Begriff know how fallen. Dabei wird hierunter nicht allein das Betriebsgeheimnis verstanden. Auch sind viele nützliche technische Einzelheiten durch Patente gegen Nachahmung gesichert, ohne daß darauf im folgenden im Einzelfall immer hingewiesen wird.

5.2 Extrusionsverfahren im engeren Sinne

5.2.1 Ramm-Extrusion

Bei der Ramm-Extrusion (englisch: ram extrusion) wird der Werkstoff unter starkem Druck durch eine Düse gepreßt. Der Name charakterisiert die an rohe Gewalt erinnernde Technik. Da der Kunststoff sich im Feststoffbereich befinden soll, sind zur Extrusion hohe Drücke erforderlich. Sie liegen – im einzelnen vor allem noch von der Extrusionstemperatur, dem eingestellten Extrusionsgrad, d.h. im wesentlichen vom Verhältnis der Durchmesser von Extrusionsgut und Extrudat, sowie natürlich dem Material abhängend – im Bereich von einigen hundert MPa. Für dieses Verfahren finden Geräte Verwendung, die im Prinzip wie ein Kapillarrheometer aufgebaut sind (Bild 5.3); die historisch ersten Versuche in dieser Technik sind in der Tat an solchen Anlagen durchgeführt worden (1). Ein Kunststoff-Stab beliebig gestalteten Querschnitts wird in eine Führung, die das gleiche Profil hat, verbracht. Diese ist an einem Ende durch eine konische Düse abgeschlossen. Durch den erwähnt starken Druck wird der Stab durch diese Düse gedrückt, wobei er sich verjüngt und damit verstreckt wird.

Einer solchen Anlage ständig zu extrudierendes Material zuzuführen und gleichzeitig den Extrusionsdruck aufrechtzuerhalten, ist technisch außerordentlich schwierig zu bewerkstellen. Festphasenextrusion ist daher in der Regel nur diskontinuierlich möglich; nach Abschluß eines Extrusionszyklus muß der Druck herabgefahren und neues Extrusionsgut nachgefüllt werden. Unter Umständen kann man den hydraulisch verstärkten Förderdruck eines Schneckenextruders, der das in Schmelzextrusion erzeugte Halbzeug unmittelbar einem Ramm-Extruder zuführt, zur Festphasenextrusion ausnutzen und so durch Kopplung dieser beiden Maschinen eine kontinuierlich arbeitende Anlage aufbauen (2).

Da das Extrusionsgut ständig an der Wandung des Führungskanals anliegt, wird ein großer Teil des aufgebrachten Druckes durch Reibung verzehrt. Da diese der

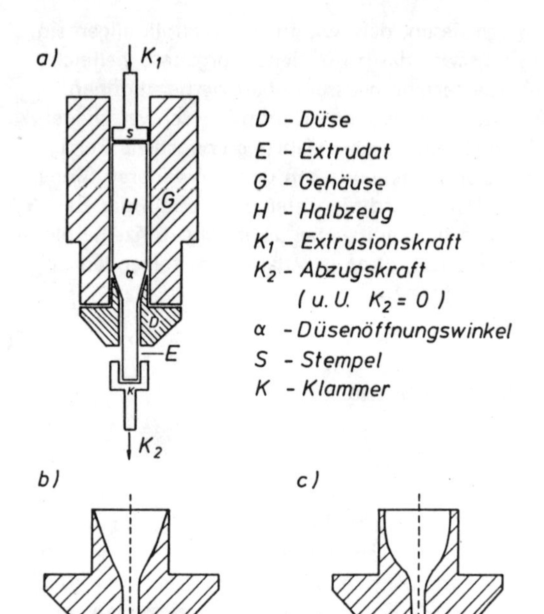

Bild 5.3:
Ramm-Extruder
a) Prinzip
b) Düse mit konischem Einlauf
c) Düse mit Trompetenprofil

reibenden Fläche proportional ist, nimmt sie mit zunehmender extrudierter Masse ab. Der Extrusionsdruck muß daher, um eine gleichmäßige Extrudatqualität zu bewirken, ständig nachgeregelt werden. Trotzdem ist es schwierig, gleichmäßige Produkte zu erhalten. Eine gewisse Besserung ist durch Verwendung von Gleitmitteln möglich. An diese sind eine Reihe von Anforderungen zu stellen. So müssen sie ihre schmierende Wirkung auch bei erhöhten Temperaturen aufrechterhalten; manche Kunststoffe, so z.B. Polyamide, können noch bei 475 K festphasenextrudiert werden. Auch bei solchen Temperaturen sollte sich das Gleitmittel nicht zersetzen oder mit dem Extrusionsgut reagieren. Verschiedene Silikonöle erfüllen die genannten Bedingungen. Auch Rhizinusöl oder Glyzerin bewirken eine deutliche Verringerung des aufzuwendenden Extrusionsdruckes. Dagegen bringt die Verwendung von graphitischen Gleitmitteln kaum Verbesserungen mit sich (11).

Eine Erwärmung des Extrusionsgutes ist erlaubt; das Material muß sich aber, zumindest im Bereich des Düsenkanals, deutlich unterhalb der Erweichungstemperatur befinden. Dabei ist zu berücksichtigen, daß die Umformarbeit eine adiabatische Erwärmung bewirken kann. Zwar ist die umgesetzte Wärmemenge unter Umständen beachtlich, jedoch ist, wie weiter unten noch im einzelnen erläutert wird, die Extrusionsgeschwindigkeit meist so gering, daß diese Energie in der Regel problemlos dissipiert wird. Bei partiell-kristallinen Kunststoffen ist die hinsichtlich der gewünschten übermolekularen Struktur optimale Temperatur bei etwa 20 K bis 40 K unterhalb der Kristallitschmelztemperatur, die im wesentlichen der in der Einleitung erwähnten Erweichungstemperatur entspricht, angesiedelt. Dabei ist zu beachten, daß die Schmelztemperatur druckabhängig ist. Sie nimmt mit zunehmendem Druck deutlich zu; bei PE beispielsweise von 374 K bei Normaldruck linear um 200 K/GPa (19). Für amorphe Kunststoffe ist in der Fachliteratur eine ähnlich allgemein ausdrückbare, optimale Extrusionstemperatur noch nicht angegeben worden; sie muß jedoch sicher unterhalb der Glastemperatur liegen. Es ist anzunehmen, daß die Zähigkeit, bei der die Festphasenextrusion im beschriebenen Sinne optimal abläuft, zu der bei der Erweichungstemperatur in einem ganz bestimmten Verhältnis stehen muß. Die Zähigkeit amorpher Thermoplaste steigt im Bereich der Glastemperatur und unterhalb dieser sprunghaft und wesentlich schneller an als dies bei partiell-kristallinen Thermoplasten unterhalb der Schmelztemperatur der Fall ist (vgl. Bild 1.1). Daher dürfte bei dieser Stoffklasse nicht nur die erwähnte Optimaltemperatur selbst, sondern auch der Bereich, in dem Festphasenextrusion überhaupt möglich ist, auf einen sehr engen Temperaturbereich beschränkt sein. Breite und Lage dieses Temperaturbereiches dürften, selbst wenn man sie auf die Glastemperatur bezieht, deutlich vom Material abhängen. Da nun diese Glastemperatur, ebenso wie die Schmelztemperatur, darüber hinaus noch sehr empfindlich mit dem Druck variiert (bei PP um 200 K/GPa [12], bei PC 130 K/GPa), sind die Schwierigkeiten, diesen Temperaturbereich zu finden und einzuregeln, offensichtlich. Dies dürfte ein entscheidender Grund dafür sein, daß amorphe Thermoplaste nur sehr schwer festphasenextrudierbar sind.

Der Düseneinlaufwinkel α (Bild 5.3b) soll im Bereich zwischen $(15...40)^\circ$ liegen. Mit zunehmendem Molekulargewicht und zunehmender Sprödigkeit des Kunststoffs nimmt der optimale Düseneinlaufswinkel ab (13). Nicht-lineare Profile bringen gegenüber rein konischen deutliche Verbesserungen, da bei ihnen beim Übergang vom Führungskanal zum Düsenbereich wie auch zwischen diesem und dem Auslauf keine Kanten auftreten. Derartige Kanten stellen rheologische Singularitäten dar und führen zu häufig nicht mehr beherrschbaren Instabilitäten beim Fließen des Werkstoffs. Aus dem gleichen Grund muß die Oberfläche der Düseninnenseite poliert sein; bereits geringe Rauhigkeiten können den Extrusionsablauf irreversibel beeinträchtigen. Daß diese inneren Oberflächen gehärtet sein müssen, versteht sich von selbst. Dennoch sind sie einem nicht unerheblichen Verschleiß ausgesetzt; die Lebensdauer der Düsen ist daher recht gering.

Selbstverständlich müssen Kanal- und Düsenprofil, wie auch das zu extrudierende Halbzeug, nicht notwendigerweise rund sein. Es sind beliebig gestaltete Profile (Schlitz, T-, U-, Doppel-T und andere, auch Hohlprofile) möglich. Hierbei ist zu beachten, daß der Konturbereich mit der kleinsten Krümmung die Grenze der Extrudierbarkeit bestimmt. Auch werden die mechanischen Eigenschaften in der Profilquerschnittsfläche nicht gleichmäßig sein. Dies kann jedoch unter Umständen bewußt ausgenutzt werden, z.B. dann, wenn an Kanten eine besonders hohe Festigkeit gefordert wird.

Durch die technisch verfügbaren Drucke und wegen des mit zunehmendem Druck überproportional wachsenden Druckverlustes durch Reibung ist der maximal erreichbare Extrudat-Enddurchmesser auf Werte um 5 mm begrenzt. Aus dem gleichen Grund sind die erreichbaren Extrusionsgrade λ, d.h. im wesentlichen das Verhältnis der Durchmesser zwischen Halbzeug und Extrudat, limitiert. Ein Wert um zehn ist erreichbar; diese Verstreckung kann bei Optimierung der übrigen Verfahrensparameter (Temperatur, Gleitmittel, . . .) und zweckmäßiger Auslegung der Technologie (Düsengeometrie, . . .) vollständig in Orientierung umgesetzt werden.

Die maximale Geschwindigkeit, mit der noch stabil extrudiert werden kann, liegt in der Größenordnung von 10 mm/min, ist also sehr gering. Übersteigt der effektive Druck, d.h. der nach Abzug des die Reibung überwindenden Anteils verbleibende, den Bereich von 0,5 GPa, ist eine gleichmäßige Extrusion nicht mehr aufrecht zu erhalten. Es treten Instabilitäten, schmelzebruchartige Erscheinungen auf, die auf oszillatorische Viskositätsschwankungen im Düsenbereich zurückzuführen sind. Diese wiederum beruhen darauf, daß die Fließspannung eines Kunststoffs temperatur-, druck- und orientierungsabhängig ist und daß diese Abhängigkeiten in komplizierter Weise unter sich und mit den deformationsinduzierten Veränderungen der übermolekularen Strukturen verknüpft sind. Dies wird insbesondere bei hohen Drücken manifest. Die Extrudate werden äußerst ungleichmäßig und sind im wesentlichen nur noch viskos, ohne Orientierung verformt.

Durch Anlegen einer Abzugsspannung in der Größenordnung von (20. . .30) MPa an die Extrudate können die z.T. recht kritischen Forderungen an die Regelung von Temperatur und Druck deutlich gemildert werden. Die Gleichmäßigkeit nimmt zu, ebenso wie der erreichbare Extrusionsgrad oder die optimale Extrusionsgeschwindigkeit. Dennoch stehen einer industriellen Nutzung des Verfahrens eine Reihe unüberbrückbarer Nachteile im Wege. Dazu zählen, wie bereits erwähnt, die sehr geringe Extrusionsgeschwindigkeit, die Unmöglichkeit, kontinuierlich zu extrudieren und die Schwierigkeit, die optimalen Extrusionsparameter ausreichend sicher einzustellen und zu regeln.

5.2.2 Hydrostatische Extrusion

Das Extrusionsprinzip ist das gleiche wie bei der Ramm-Extrusion. Jedoch werden die Schwierigkeiten, die dort durch die Reibung zwischen Extrudat und

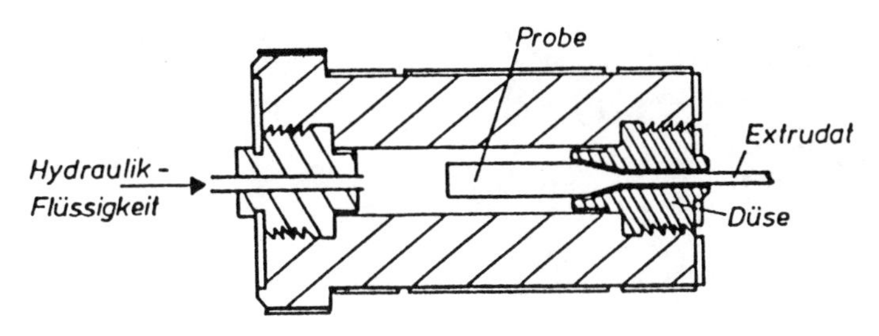

Bild 5.4: Hydrostatische Extrusion (19). Maßstab etwa 1 : 15.

Führungskanal entstehen, dadurch umgangen, daß das umzuformende Werkstück in einer Hydraulikflüssigkeit schwimmt (Bild 5.4). Diese überträgt den Auspreßdruck auf das Extrudat und dient gleichzeitig als Schmiermittel. Bei Polymeren hat sich Rhizinusöl wegen seiner Temperaturbeständigkeit und seiner im Vergleich zu Kunststoffen vernachlässigbaren Kompressibilität als geeignet erwiesen. Im übrigen gilt für die thermischen, geometrischen und werkstoffkundlichen Randbedingungen das im vorigen Abschnitt Gesagte sinngemäß weiter. Da jedoch wegen des weitgehenden Wegfalls der Reibung mit wesentlich höheren effektiven Drücken extrudiert werden kann, können auch wesentlich höhere Extrusionsgrade realisiert werden. In der Literatur wird von Extrusionsgraden bis zu fünfzig berichtet. Entsprechend verbessern sich gegenüber der Ramm-Extrusion die mechanischen Eigenschaften. Bei sorgfältiger Optimierung der sonstigen Randbedingungen kann die Extrusionsgeschwindigkeit auf bis zu 0,5 m/min gesteigert werden.

5.3 Die-Drawing

Beim Die-Drawing (Bild 5.5, „Düsen-Abzug") wird das Polymere, ähnlich wie bei der konventionellen Verstreckung, allein durch eine am Extrudat angreifende Abzugskraft durch eine Düse gezogen (14). Halbzeug und Düse, gegebenenfalls einschließlich deren Innenraum, können erwärmt werden. Der wesentliche Unterschied zwischen Die-Drawing und konventioneller Verstreckung besteht – neben dem Umstand, daß im Festphasenbereich gearbeitet wird – darin, daß der Kunststoff noch vor dem Düsenende die Düsenwandung wieder verlassen muß. Im Düsenbereich bildet sich also eine Schulter-Hals-Zone aus. Um dies zu erreichen, müssen Temperatur, Düsengeometrie, Abzugsgeschwindigkeit und Extrusionsgrad sorgfältig aufeinander abgestimmt werden. Die Abzugsspannung liegt in der Größenordnung von 150 MPa, bezogen auf den Enddurchmesser des Extrudats. Anders als bei den in den vorigen Abschnitten beschriebenen Techni-

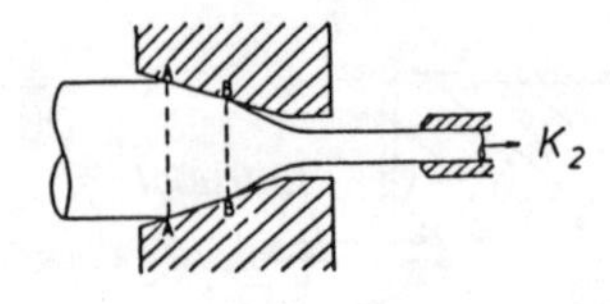

A - B: Kontaktfläche
K_2: Abzugskraft

Bild 5.5:
Die-Drawing

ken liegt am Extrusions-Halbzeug kein hydrostatischer Druck an. Dies bedingt eine weitere Verbesserung der Spannungsverhältnisse, insbesondere im Düsenbereich, und damit der Deformationsbedingungen. Extrusionsgrade von bis zu 25 können realisiert werden; die Extrusionsgeschwindigkeiten dabei übertreffen die bei der hydrostatischen Extrusion deutlich, jedoch werden die exzellenten Eigenschaftskennwerte hydrostatisch extrudierter Kunststoffe nicht ganz erreicht. Ein entscheidender Vorteil des Die-Drawings ist jedoch, daß eine kontinuierliche Produktion möglich ist. Außerdem können deutlich größere Werkstücke als bei der hydrostatischen Extrusion verarbeitet werden; Enddurchmesser über 10 mm sind möglich.

5.4 Eigenschaftsbilder von Festphasenextrudaten

5.4.1 Vorbemerkung

Die Deformation eines Kunststoffes nach mechanischer Belastung sowohl während der Verarbeitung als auch im Einsatz, wie auch eine mögliche Retardation (Rückverformung) nach Entlastung, kann man sich hinsichtlich ihres zeitlichen und energetischen Zusammenhanges mit der Spannung aus einer ganzen Reihe von Komponenten zusammengesetzt denken. So gibt es viskose und elastische Anteile; die Deformation kann irreversibel wie auch zeitverzögert oder spontan reversibel sein. Ein solches Verhalten wird im weitesten Sinne als „visko-elastisch" bezeichnet. Es ist für das Folgende von wesentlicher Bedeutung, daß der relative Beitrag all dieser Komponenten zur Gesamtverformung nicht konstant ist, sondern von der Temperatur und der Belastungs-, bzw. Deformationsgeschwindigkeit abhängt. Er hängt darüber hinaus – bei einem gegebenen Kunststoff – von dessen chemischer Struktur ab, von seinem Molekulargewicht oder gegebenenfalls dem Verzweigungsgrad; er hängt ferner von der physikalischen Struktur im weitesten Sinne ab, die ihrerseits wiederum eine ungeheure Variationsbreite hat. Von besonderer Bedeutung in diesem Zusammenhang sind die bereits eingeführten Parameter Orientierungsgrad und tie-Anteil, aber auch Kristallinitätsgrad und Sphärolithgrößenverteilung haben einen wesentlichen Einfluß nicht nur auf die mechanischen Eigenschaften, sondern auf das Eigenschaftsspektrum als Ganzes. Die im folgenden berichteten Zahlenwerte und Eigenschaftsbilder sind daher nicht als absolut anzusehen; sie stellen vielmehr Richtwerte dar, die, sofern nicht anderes betont ist, bei Zimmertemperatur, Ausgangsmaterial durchschnittlicher Struktur und mittlerer Belastungsgeschwindigkeit festgestellt werden. Auch wird in der Regel nur die hydrostatische Extrusion berücksichtigt. Man muß ferner bedenken, daß bei einem neuartigen Umformverfahren, wie es die hydrostatische Extrusion von Thermoplasten darstellt, ständig neue Erkenntnisse anfallen und technische Verbesserungen erzielt werden; vieles von dem, was hier berichtet wird, kann schon bald überholt sein oder bereits jetzt im Widerspruch zu Bekanntem stehen.

5.4.2 Umformbarkeit

Die meisten der bis jetzt vorliegenden technisch-wissenschaftlichen Berichte befassen sich mit der Festphasenextrusion von PE. Daraus kann man schließen, daß Kunststoffe, deren rheologisches und thermodynamisches Verhalten dem des PE ähnlich ist, für die Festphasenextrusion besonders geeignet sein sollten. Dies trifft zwar zu; dennoch konnte nachgewiesen werden, daß fast alle gängigen Massenpolymere im festen Zustand extrudierbar sind. Die stabile Extrudierbarkeit, die Extrusionsgeschwindigkeit, der höchste erzielbare Extrusionsgrad und dergleichen hängen allerdings stark von der Geometrie der Extrusionsanlage, technischen Parametern wie Druck und Temperatur, sowie materialspezifischen Kenngrößen wie dem Molekulargewicht und der übermolekularen Struktur des Ausgangsmaterial ab. Es sei ferner wiederholt, daß eine gute Extrudierbarkeit als solche noch keine Gewähr für das Entstehen der gewünschten Art übermolekularer Struktur bietet. Es ist daher möglich – entsprechende Fälle sind bekannt –, daß die Festigkeit eines festphasenextrudierten Kunststoffes trotz hohen Extrusionsgrades gegenüber isotropem oder herkömmlich verstrecktem Material nur unwesentlich besser ist.

Die Festphasenextrusion kann unter Vernachlässigung der strukturellen Aspekte zumindest formal plastizitätstheoretisch beschrieben werden. Hierzu wird zunächst unter Berücksichtigung der Reibungskräfte zwischen Kunststoff und Düsenmaterial sowie unter Beachtung der axialen Symmetrie eine Gleichung für das Spannungs- und Fließgleichgewicht aufgestellt. Sodann wird ein Fließkriterium berücksichtigt, d.h. eine Beziehung zwischen den verschiedenen Komponenten des Spannungstensors, die sicherstellt, daß die aufgebrachten Kräfte tatsächlich das Material zum Fließen bringen. Hierfür nun eignen sich die üblicherweise benutzten Fließkriterien nach Mises oder Tesca nicht, da diese nur gelten, wenn die Fließspannungen isotrop sind; sie berücksichtigen ferner nicht eine mögliche Abhängigkeit der Fließspannungen von hydrostatischem Druck sowie den Umstand, daß die Fließspannungen unter Zug und unter Druck verschieden sein können. Von Hill (15) sowie in verallgemeinerter Form von Caddell und Kim (16) sind jedoch Fließkriterien vorgeschlagen worden, bei denen diese, bei Metallen kaum auftretenden, für Thermoplaste jedoch typischen, Komplikationen berücksichtigt werden. Auf diese Weise kann – unter vernünftigen Annahmen, die Beziehungen zwischen Druck, Reibung, Strukturumwandlung und Fließspannungen betreffend – der technisch beobachtete Zusammenhang zwischen Extrusionsdruck und Extrusionsgrad verstanden werden. Die Reibungskoeffizienten gegen Stahl, die bei einer derartigen quantitativen Beschreibung berücksichtigt werden müssen, liegen im Bereich von 0,01 (PE-HD [17]), 0,1 (POM [17]) und 0,1. . .0,2 (PMMA [18]). Ein wesentliches Ergebnis ist, daß sich Kunststoffe, die unter Zug unter Bildung von Mikrorissen oder Crazes spröd versagen, wie z.B. PMMA oder PS, unter hydrostatischem Druck dennoch plastisch verformen lassen. Dagegen geht eine unter Zug auftretende Duktilität, ganz im Gegensatz zum Verhalten metallischer Werkstoffe, unter hydrostatischem Druck zuweilen deutlich zurück. In Bild 5.6 ist für verschiedene Kunststoffe der zur Realisierung eines vorgegebenen Extrusionsgrades aufzubringende Druck aufgetragen, zusammen mit den nach der beschriebenen Theorie berechneten Kurven (19). Allgemein gilt, daß der aufzubringende Extrusionsdruck mit zunehmendem Extrusionsgrad immer steiler ansteigt. Man erkennt, daß dies für PMMA schon bei sehr geringen Extrusionsgraden der Fall ist. Dieses Material ist also schwer extrudierbar. Umgekehrt belegt das Bild

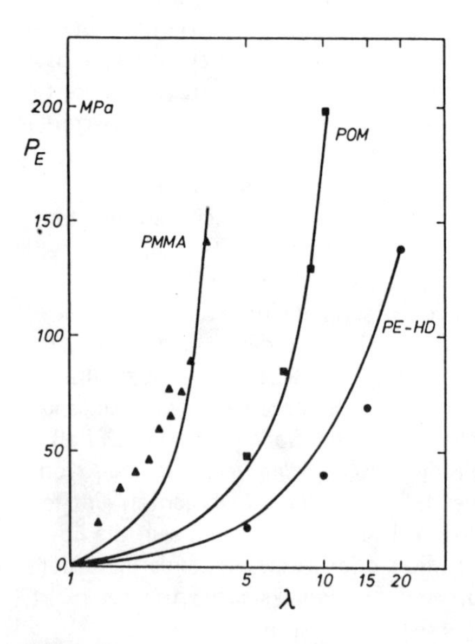

Bild 5.6:
Experimenteller (Punkte) und theoretischer (Kurven) Zusammenhang zwischen Extrusionsgrad λ und Extrusionsdruck P_E für verschiedene Kunststoffe (nach [19])

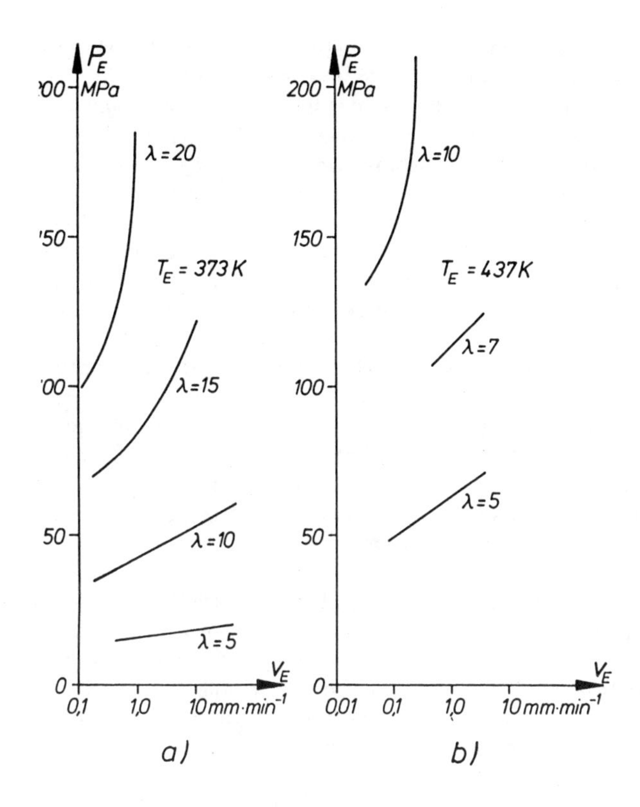

Bild 5.7: Zusammenhang zwischen Extrusionsdruck P_E und Extrusionsgeschwindigkeit v_E bei verschiedenen Extrusionsgraden λ(nach [17])
a) PE-HD
b) POM

die gute Extrudierbarkeit von PE; selbst bei einem Extrusionsgrad von 20 ist die Kurve noch nicht wesentlich nach oben gekrümmt. POM hat nach dieser Darstellung eine mittlere Extrudierbarkeit.

In Bild 5.7 ist für PE (a) und POM (b) der Zusammenhang zwischen Extrusionsgeschwindigkeit und Extrusionsdruck wiedergegeben (17). Die maximal erreichbaren Extrusionsgeschwindigkeiten sind mit einigen cm/min recht niedrig. Man beachte, daß, um die Festigkeit des Kunststoffs merklich zu steigern, erst der Bereich $\lambda > 10$ interessant ist. Auch aus diesem Bild kann man ablesen, daß POM, obgleich unter Zug außerordentlich duktil, im Vergleich zu PE hydrostatisch nur schlecht extrudiert werden kann.

Ein breiter Ausläufer in der Molekulargewichts-Verteilungskurve in Richtung niedrigerer Molekulargewichte soll hinsichtlich der Extrudierbarkeit vorteilhaft sein. Für PE ist der unter sonst gleichen Bedingungen erreichbare Extrusionsgrad bis zu einem gewichtsgemittelten Molekulargewicht $M_W = 2{,}5 \cdot 10^5$ praktisch konstant und fällt mit zunehmendem M_W ziemlich rasch ab. Für M_W =

$3 \cdot 10^6$ ist PE im festen Zustand praktisch nicht mehr extrudierbar (22). Hinsichtlich der zu erzeugenden Struktur ist jedoch an das Molekulargewicht eine genau entgegengesetzte Forderung zu stellen: Unter sonst gleichen Bedingungen nehmen nämlich der höchsterreichbare Modul und die Festigkeit mit dem Molekulargewicht stetig zu (10). Mit zunehmendem Molekulargewicht steigt nämlich die Anzahl der intermolekularen Verhakungen („entanglements") zwischen den Molekülen. Deren Existenz ist jedoch eine Voraussetzung für eine orientierende Dehnung. Eine hohe Verhakungsdichte wiederum behindert die Verformung an sich. Es läßt sich andererseits wiederum zeigen, daß eine totale, durch die intramolekularen Verhakungen bewirkte Streckung des einzelnen Moleküls nur möglich ist, wenn der Dehngrad – hier: der Extrusionsgrad – größer ist als das Verhältnis zwischen Molekülknäueldurchmesser und Moleküllänge. Von diesem Gesichtspunkt her sind also kürzere Moleküle begünstigt, da bei einem Molekulargewicht von 10^4 der zur vollständigen Streckung nötige Dehngrad bei etwa 8 liegt, bei einem Molekulargewicht von 10^6 aber bei dem technisch nicht mehr realisierbaren Wert von 86 (22). Durch all diese sich wiedersprechenden Bedingungen wird verständlich, daß eine breite Molekulargewichtsverteilung insgesamt für die Festphasenextrusion vorteilhaft ist.

Die Extrudierbarkeit kann durch Koextrusion verbessert werden. Dies kann z.B. durch Einschluß einer Platte oder eines Zylinders aus dem zu extrudierenden Material in einen entsprechenden Hohlkörper eines anderen, besser extrudierbaren Materials geschehen (25). Man kann ferner die Extrusion in mehrere Teilschritte zerlegen, zur Erzielung höherer Extrusionsgrade also bereits einmal extrudiertes Ausgangsmaterial benutzen.

Durch eine geeignete Abänderung der axialsymmetrischen Anordnungen, wie sie hier bisher beschrieben wurden, können auch in flächigen Halbzeugen hohe Orientierungen, hier: biaxiale Orientierungszustände, also solche, wie sie in Folien vorliegen, erzeugt werden (23). Die entsprechenden Werkstücke sind besonders zugfest, wenn die Belastungsrichtung in ihrer Ebene liegt, sie sind allerdings nicht übermäßig druckfest und neigen zum Splittern.

Das Extrusionverhalten von Polymerlegierungen hängt deutlich von der Verträglichkeit, d.h. Mischbarkeit der Komponenten ab. Während bei mischbaren Systemen ein konzentrationsgewichteter Mittelwert zwischen den für die Komponenten geltenden Parametern gilt, treten bei entmischenden Polymerpaaren interessante Besonderheiten auf. So bewirken schon geringe Beimengungen von PE zu POM einen starken Abfall des zur Extrusion aufzubringenden Druckes und damit eine deutliche Verbesserung der Extrudierbarkeit.

5.4.3 Eigenschaften

Wesentliches Ziel bei der Festphasenextrusion ist die Verbesserung der mechanischen Eigenschaften. Für den Elastizitätsmodul ist dies in hohem Maße gelungen. In Bild 5.2 sind die Moduln isotroper und herkömmlich verstreckter Kunststoffe den durch Festphasenextrusion erzielten gegenübergestellt. Zum Vergleich ist außerdem der theoretische Grenzwert angegeben. Man sieht, daß durch Festphasenextrusion gegenüber herkömmlich verstrecktem Material eine Verbesserung der Elastizität um einen Faktor zwischen 20 (bei PE) und 3 (bei PS) erzielt werden kann. Offenbar ist diese Technik um so erfolgreicher, je duktiler das Material ist. Bei derartigen Kunststoffen hat man sich den theoretischen Grenzwerten gleichzeitig bis auf 50 % genähert.

Bei der Zugfestigkeit sehen die Verhältnisse nicht ganz so günstig aus. Hier liegen die durch Festphasenextrusion erreichbaren Werte „nur" bei etwa 10 % der theoretischen. Immerhin ist aber dennoch gegenüber herkömmlich verstrecktem Material eine Verbesserung bis auf das fünffache möglich.

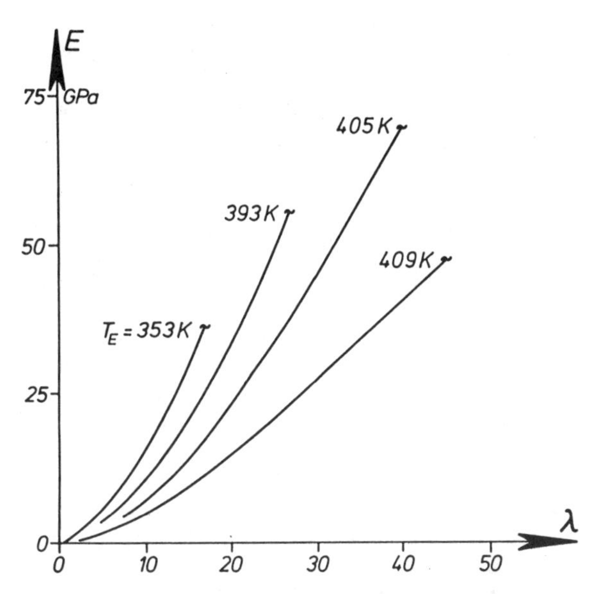

Bild 5.8: Zusammenhang zwischen Elastizitätsmodul E und Extrusionsgrad λ bei verschiedenen Extrusionstemperaturen T_E für PE-HD (nach [20])

In Bild 5.8 ist der Zusammenhang zwischen Elastizitätsmodul und Dehngrad für PE bei verschiedenen Extrusionstemperaturen dargestellt (20). Man beachte, daß die Grenzkristallisationstemperatur von PE unter Normaldruck bei etwa 415 K liegt, daß aber diese Temperatur durch den Extrusionsdruck von bis zu 200 MPa um ca. 40 K nach oben verschoben wird. Offenbar durchläuft der höchsterreichbare Elastizitätsmodul bei einer Extrusionstemperatur von etwa 405 K, d.h. bei einer Temperatur, die um einige zehn Grad unter der aktuellen Schmelztemperatur liegt, ein Maximum. Dieses Maximum ist offenbar nicht an das Maximum des Extrusionsgrades gebunden. Bei höheren Extrusionstemperaturen erfolgt die Deformation offenbar verstärkt rein plastisch, nicht-orientierend. Der aktuelle Verlauf aller derartigen Kurven hängt natürlich noch von einer ganzen Reihe anderer technischer und werkstoff-spezifischer, insbesondere struktureller Parameter ab.

Während der E-Modul in der Regel mit zunehmendem Extrusionsgrad stetig ansteigt, wird – zumindest bei PE – die maximale Zugfestigkeit praktisch schon bei mittleren Dehngraden erreicht; sie nimmt bei stärkerer Dehnung nur noch unwesentlich zu (20).

In entmischenden Polymerlegierungen, d.h. in Mischungen aus unverträglichen Komponenten, wird im wesentlichen nur das Matrixmaterial orientiert. Dies ist durch eine weitgehende strukturelle und energetische Entkopplung der beiden Komponenten bedingt. Da der Elastizitätsmodul das Deformationsverhalten bei nur kleinen Deformationen charakterisiert, wird, ihn betreffend, eine im wesentlichen additive, konzentrationsgewichtete Überlagerung der Beiträge der beiden Komponenten beobachtet. Bei der Zugfestigkeit dagegen wird, bedingt durch bis an die Werkstückoberfläche durchtretende Phasengrenzflächen, die als versagensauslösende Kerben wirken, bei einem Volumenmischungsverhältnis von 1 : 1 ein deutliches Minimum beobachtet.

In Bild 4.9 ist der lineare thermische Ausdehungskoeffizient von festphasenextrudiertem PE HD in Extrusionsrichtung als Funktion des Extrusionsgrades mit der Extrusionstemperatur als Parameter aufgetragen (20). Aus diesem Bild kann z.B. abgelesen werden, inwieweit hochfestes PE im Verbund mit anderen Materialien verarbeitet werden kann. Zum Vergleich sei erwähnt, daß unorientiertes PE-HD mittlerer Kristallinität einen Ausdehnungskoeffizienten von etwa $3 \cdot 10^{-4} K^{-1}$ hat. Bemerkenswert ist, daß die thermische Ausdehnung von Extrudaten mittlerer Dehnung praktisch Null ist; der Ausdehnungskoeffizient wechselt dann in Abhängigkeit von der Dehnung das Vorzeichen. DerKoeffizient für höchstfeste Extrudate nähert sich dem Wert von $-12 \cdot 10^{-6}$, der auch für die Längsrichtung derKristalle gilt. In Querrichtung ist die Ausdehnung unabhängig vom Extrusionsgrad etwa $3 \cdot 10^{-4} K^{-1}$.

Der Schmelzpunkt festphasenextrudierter Kunststoffe erhöht sich leicht um bis zu 10 K wegen des geringeren Entropieunterschiedes zwischen dem Festkörper

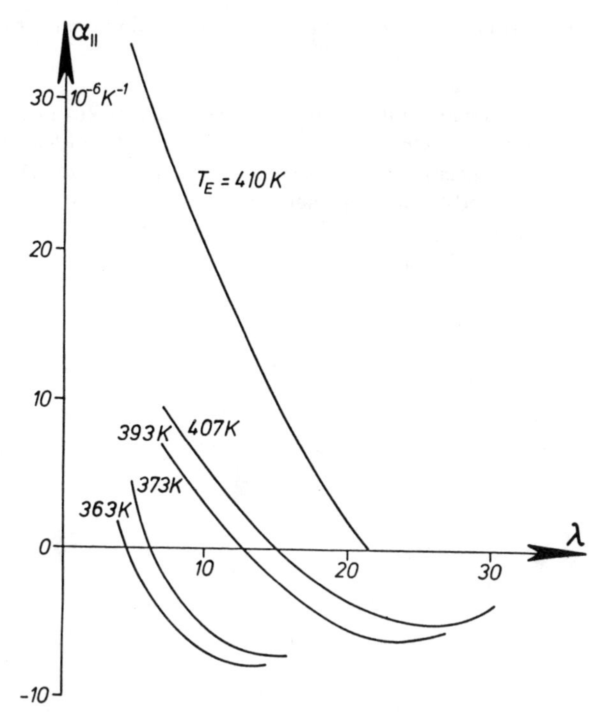

Bild 5.9: Linearer thermischer Ausdehnungskoeffizient $\alpha_{\parallel}$ von PE-HD als Funktion von Extrusionsgrad λ und Extrusionstemperatur T_E (nach [20])

und der Schmelze. Die Wärmeleitfähigkeit nimmt in Extrusionsrichtung deutlich bis um einen Faktor 20 zu, während sie in Querrichtung praktisch konstant gleich dem des unorientierten Materials bleibt (22).

Die chemische Resistenz von Festphasenextrudaten ist deutlich verbessert, was in erster Linie auf die verringerte Permeabilität in Querrichtung zurückzuführen ist. Diese ihrerseits ist eine Folge der erhöhten Kristallinität und des hohen Anteils an tie-Molekülen.

Auf die spezifische übermolekulare Struktur und das Fehlen von lichtstreuenden Hohlräumen in den Festphasenextrudaten ist auch ihr in der Regel klares Aussehen zurückzuführen. In Extrusionsrichtung neigen sie jedoch zum Fibrillieren; Risse pflanzen sich in Längsrichtung fort. Querschnitte haben bürstenartigen Charakter. Die Oberflächenhärte in Extrusionsrichtung ist daher recht gering, während sie in Querrichtung beträchtlich über der herkömmlicher Kunststoffe liegt.

Hier konnte nur ein kleiner Einblick in das Eigenschaftsspektrum von Festphasenextrudaten und in die Extrusionseignung der verschiedenen Kunststoffe gegeben werden. Vieles, eigentlich das meiste, ist noch unbekannt. Das bisher bekannte und die hier wiedergegebenen Beispiele belegen jedoch, daß die Festphasenextrusion ein interessantes technisches Verfahren und daß für entsprechende Produkte eine Reihe sinnvoller Einsatzgebiete denkbar ist.

6 Festphasenrheologie und übermolekulare Struktur

J.H. Wendorff

6.1 Einleitung

Man hat sich daran gewöhnt, den Vorgang des Fließens gedanklich mit der Existent des flüssigen Zustandes zu verknüpfen. Wasser fließt, Alkohol fließt und Honig fließt, wenngleich er auch zäher ist. Nur geringe Kräfte sind erforderlich, um solche Fließvorgänge in Gang zu setzen und aufrecht zu erhalten. Die Einwirkung einer Kraft führt zu einem unmittelbar beobachtbaren Fließprozeß. Wird die Kraft abgeschaltet, treten keine Nachwirkungen auf.

Fließvorgänge sind nun aber nicht auf den flüssigen Zustand beschränkt. So ist z.B. die Ausbildung von Gebirgen eine unmittelbare Folge von – allerdings sehr langsam ablaufenden – Fließvorgängen im Gestein, die durch hohe Drücke induziert werden. Auch die Beobachtung, daß alte Kirchenfenster unten dicker als oben sind, darf nicht als Indiz für die schlechte Qualität der Produkte unserer Vorfahren angesehen werden, sondern als Hinweis auf Fließvorgänge in Gläsern unter der Einwirkung der Schwerkraft. Es wird deutlich, daß Fließvorgänge auch im festen Zustand auftreten können, wobei allerdings im allgemeinen quantitative Unterschiede zum flüssigen Zustand hinsichtlich der erforderlichen Kräfte und der Zeitskala der Fließvorgänge bestehen werden.

Verarbeitungsverfahren, wie das Schmieden, das Prägen oder das Walzen von metallischen Werkstoffen, beruhen auf der Möglichkeit der Formgebung vermittels Fließprozessen im Festkörper. Beim Umgang mit solchen Verfahren hat sich nun gezeigt, daß das „Fließvermögen" eines Werkstoffes so gut wie nie eine konstante Größe ist, sondern von einer Vielzahl von Parametern abhängt. Ein wichtiger Parameter ist die Struktur und es gibt Vorbehandlungsmethoden, die dazu führen, daß besonders leicht Fließprozesse auftreten können. Weitere Parameter, die Einfluß auf die Fließeigenschaften nehmen, sind die Temperatur, die Verformungsgeschwindigkeit, die Gegenwart oder Abwesenheit eines hydrostatischen Druckes, aber auch die Gegenwart oder Abwesenheit eines flüssigen oder gasförmigen Umgebungsmediums.

Auf der anderen Seite hat man gelernt, daß sich die Eigenschaften des Werkstoffes verändern können, wenn dieser einem Fließprozeß im festen Zustand unterworfen wird. Dabei kann die Eigenschaftsänderung in eine gewünschte Richtung verlaufen, aber auch zu einem ungünstigen Werkstoffverhalten führen. Die Natur der Fließprozesse kontrolliert dabei in einem starken Maße, welcher dieser Fälle auftritt. Deformationsprozesse, die zu einer inneren Hohlraumstruktur führen, werden sich im allgemeinen ungünstig auf die Eigenschaften auswirken. Deformationen, die zu einer Vernichtung von Korngrenzen oder zu einer Verringerung der Beweglichkeit solcher Korngrenzen führen, werden sich positiv hinsichtlich mechanischer Eigenschaften auswirken.

Da sich Formgebungs- oder allgemeiner Verarbeitungsverfahren, die im festen Zustand durchgeführt werden, in vielen Fällen bei metallischen oder anorganischen Werkstoffen als günstig im Vergleich zu einem in der Schmelze durchgeführten Verarbeitungsverfahren erwiesen haben, ist der Gedanke naheliegend, auch andere als die oben genannten Werkstoffe vermittels induzierter Fließvorgänge im festen Zustand zu verarbeiten. Die Erfahrung zeigt nun aber, wie am Beispiel von keramischen Werkstoffen, von anorganischen Gläsern oder von duroplastischen Kunststoffen belegt werden kann, daß sich nicht jeder Werkstoff für eine formgebende Verarbeitung im festen Zustand eignet. Die Fließvorgänge können zu hohe mechanische Kräfte erfordern, sie können zu langsam ablaufen oder das Ausmaß der Fließdeformation vor einem eintretenden Bruch kann zu gering sein.

Thermoplastische Kunststoffe sollten sich im Prinzip für eine Verformung im festen Zustand eignen. Die Beobachtung, daß ihr Einsatz in einem technischen Teil häufig wegen ungewollt unter mechanischer Beanspruchung auftretender Fließvorgänge limitiert ist, weist auf die Möglichkeit einer Formgebung im festen Zustand hin. Hier muß man jedoch berücksichtigen, daß die Verformung bei der Formgebung schnell ablaufen sollte, unter der Einwirkung nicht zu hoher Kräfte und möglichst bei Zimmertemperatur. Ferner sollte die maximal mögliche Verformung groß sein.

Diese Bedingungen sind häufig nicht erfüllt, Kunststoffe zeigen die Eigenart, daß das Fließverhalten sich sehr stark mit der Beanspruchungszeit, aber auch der Beanspruchungstemperatur im festen Zustand verändert. Dies ist in den Bildern 6.1 und 6.2 für den Fall des PVC dargestellt (1).

Folglich sind unter den vorgegebenen Randbedingungen der Verformung im festen Zustand nicht alle Thermoplaste gleich geeignet. Dies wird in Bild 6.3 verdeutlicht, welches das Verformungsverhalten unterschiedlicher Kunststoffe unter Zugbeanspruchung zeigt. Man erkennt Thermoplaste, die sich stark verformen lassen und solche, die bei geringsten Verformungen durch Bruch versagen (2–4).

Solche Spannungs-Dehnungskurven sind nun jedoch nicht allein aussagekräftig für das Verformungsverhalten des betrachteten Kunststoffes ganz allgemein.

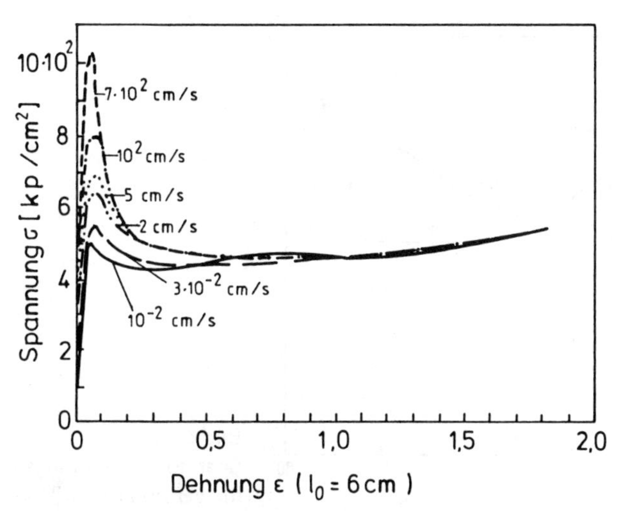

Bild 6.1: Spannungs-Dehnungskurven von PVC für verschiedene Deformationsgeschwindigkeiten (1)

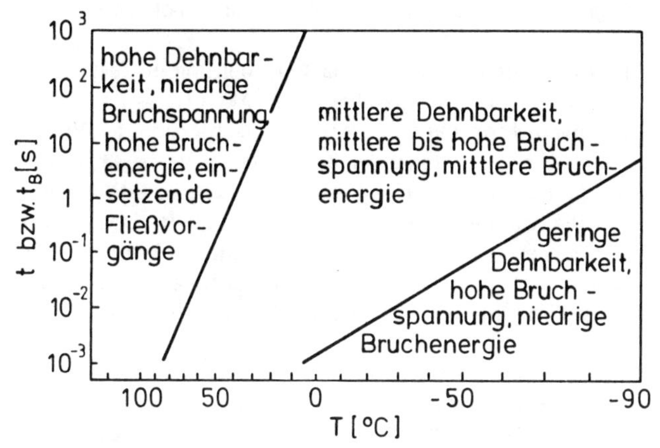

Bild 6.2: Bruchverhalten von PVC als Funktion der Zeit und der Temperatur (1)

Ebenso wie wie bei den Metallen hängen die Verformungseigenschaften von der molekularen und übermolekularen Struktur des Werkstoffes ab (2–4). Dies läßt sich besonders instruktiv für den Fall des Polypropylens belegen. Je nach Vorbehandlung – und damit je nach Struktur – kann es sich hochfest und hochsteif

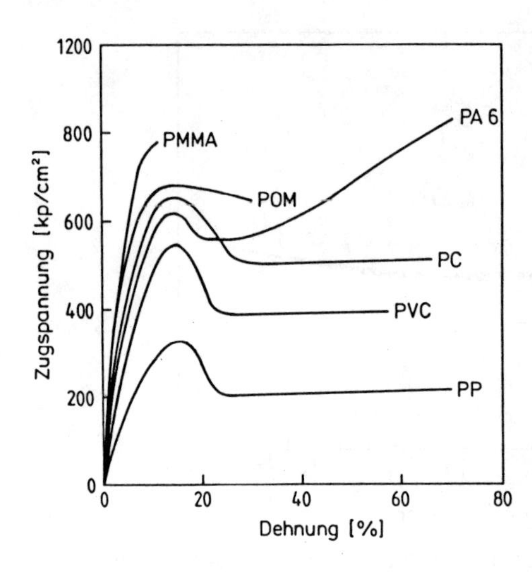

Bild 6.3:
Spannungs-Dehnungs-Diagramme verschiedener Thermoplaste

verhalten, kann es partiell duktil sein oder kann es sich wie ein Gummi verhalten, bei dem sich jede Verformung nahezu vollständig zurückstellt (5–8).

Die Auswahl von Kunststoffen für eine Verarbeitung im festen Zustand muß schließlich – analog zum Fall metallischer Werkstoffe – davon bestimmt sein, ob die Festkörperverformung zu einer Verschlechterung der Eigenschaften, zu gleichbleibenden Eigenschaften oder gar zu einer Verbesserung gewünschter Eigenschaften führt. Im allgemeinen kann man, wie in Bild 6.4 gezeigt, davon ausgehen, daß die Steifigkeit, aber auch die Festigkeit eines Kunststoffes ansteigt, wenn eine Festkörperdeformation stattfindet (9–11). Es gibt jedoch auch Fälle, wo dies nicht zutrifft, wenn zum Beispiel lokale Strukturdefekte, Hohlräume oder Risse im Material induziert werden (Bild 6.5) (2, 12, 13).

Es ist deutlich geworden, daß die Auswahl von Kunststoffen für eine Kaltverformung eine sehr anspruchsvolle Aufgabe ist. Sie darf nicht nur auf einem Trial and Error Verfahren beruhen, sondern muß auf einer soliden Kenntnis wesentlicher struktureller, dynamischer und rheologischerEigenschaften von Kunststoffen fußen. Im folgenden soll daher zunächst eine knappe Einführung in die Struktur und relevante dynamische Eigenschaften von amorphen und teilkristallinen Kunststoffen gegeben werden. Anschließend sollen die rheologischen Eigenschaften der Schmelze, mit denen man meist vertrauter ist, mit den entsprechenden Eigenschaften des Festkörpers verglichen werden. Anschließend sollen Verfahren vorgestellt werden, mit denen sich die für die Festkörperverformung relevanten Eigenschaften ermitteln lassen. Einige Beispiele werden angeführt.

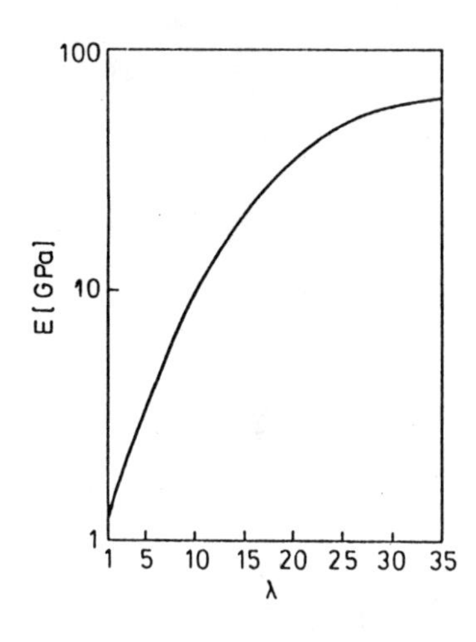

Bild 6.4:
Elastizitätsmodul von Polyethylen als Funktion des Deformationsgrades

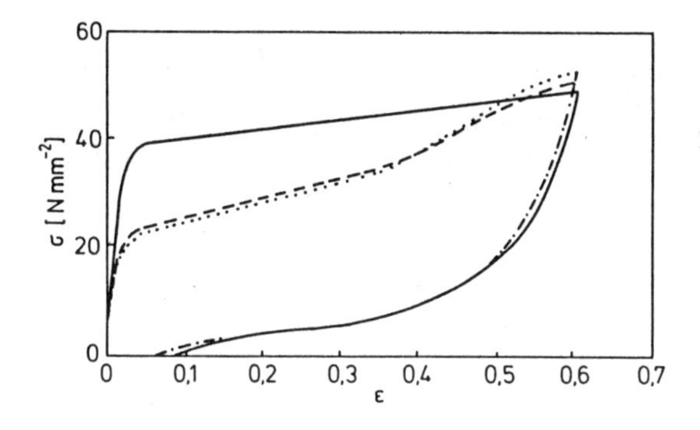

Bild 6.5:
Spannungs-Dehnungs-Verhalten von Polypropylen (——) 1. Deformation, (– –) 2. Deformation, (· · ·) 3. Deformation

6.2 Strukturelle und dynamische Eigenschaften von Kunststoffschmelzen

Kunststoffe sind aus Kettenmolekülen aufgebaut, die aufgrund ihrer hohen Flexibilität nicht als gestreckte eindimensionale Gebilde vorliegen, sondern bereits als freie Kette oder in einer verdünnten Lösung eine Vielzahl mehr oder weniger verknäulter Konformationen ausbilden, wie in Bild 6.6a schematisch gezeigt. Eine Einzelkette hat wegen dieser Knäuelgestalt eine äußerst geringe Dichte. Sie liegt um mehrere Größenordnungen unter der des kompakten Kunststoffes (14, 15). Die Schmelze ist folglich dadurch gekennzeichnet, daß sich viele Ketten ge-

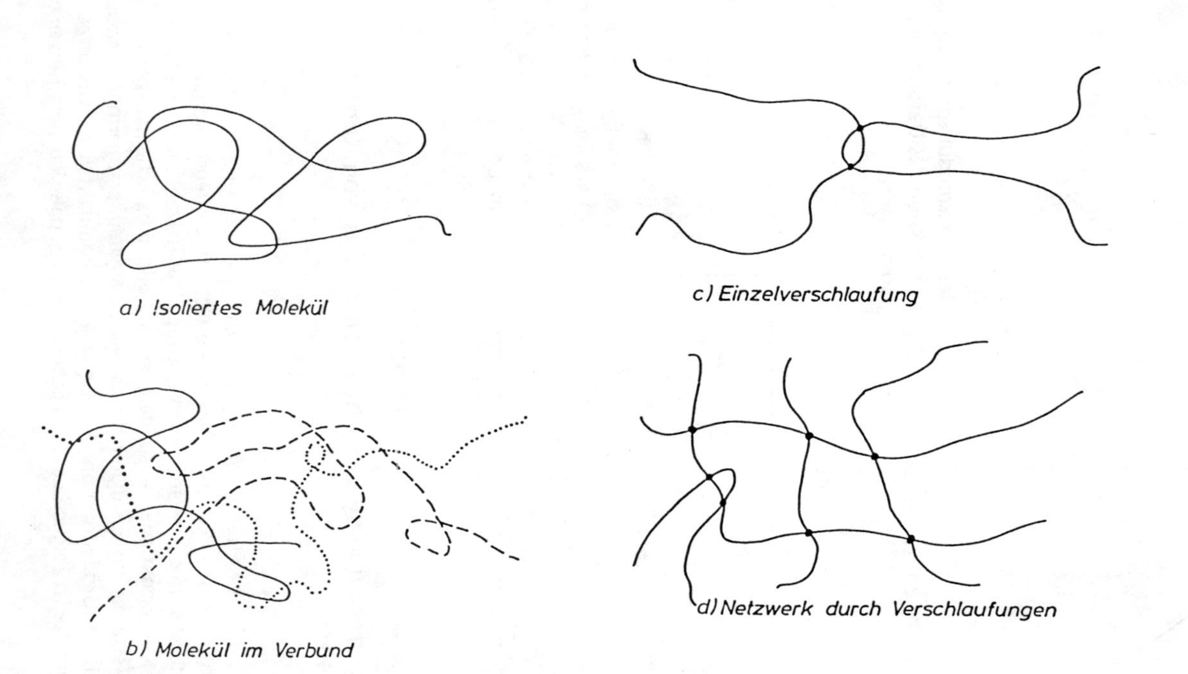

Bild 6.6 Kettenmoleküle, schematisch

genseitig durchdringen und auf diese Weise die makroskopisch beobachtbare Dichte hervorrufen (Bild 6.6b).

Dieses Durchdringen führt zu geometrischen Verhakungen (englische Literatur: entanglements) von Kettenuntereinheiten und somit von ganzen Kettenmolekülen (Bild 6.6c, d). Diese Verhakungen werden bei der Überführung in den festen Zustand, sei es in den glasig erstarrten Zustand oder auch den teilkristallinen Zustand, größtenteils aufrechterhalten. Dies ist für das Deformationsverhalten des Festkörpers natürlich von großer Bedeutung.

In der Schmelze können sich diese Verhakungen allerdings aufgrund der hohen thermisch induzierten Beweglichkeit der Kettenbausteine lösen, wobei die hierfür erforderliche Zeit sehr stark von der Kettenlänge abhängt. Man kann allein schon aufgrund dieser einfachen Strukturvorstellung verstehen, daß bereits das Fließverhalten von Kunststoffschmelzen deutlich komplexer als das niedrigmolekularer Stoffe ist.

Bei der Verarbeitung über den Schmelzezustand wird der Schmelze die gewünschte Form aufgeprägt und diese Form dann fixiert, entweder durch Abkühlen in den ungeordneten festen Zustand (den Glaszustand) oder in den teilkristallinen Zustand. Dies klingt so, als sei die Verarbeitung aus der Schmelze unproblematisch. Daß dies nicht so sein kann, ist bereits aus dem oben eingeführten Strukturmodell abzuleiten.

Eine Flüssigkeit aus kleinen, oft nahezu kugelförmigen und starren Molekülen wird im allgemeinen in erster Näherung ein Newtonsches Verhalten zeigen, solange die Beanspruchung nicht zu schnell im Verhältnis zu der durch die thermische Bewegung kontrollierte Umlagerungszeit der Moleküle erfolgt. (Bild 6.7). Bei einer in diesem Zeitmaßstab bleibenden schnellen Beanspruchung erfolgt die Antwort der Flüssigkeit spontan und zeitunabhängig: es stellt sich eine linear mit der anliegenden Spannung anwachsende Verformungsgeschwindigkeit ein. Die Verformung ist bleibend (Bild 6.7).

All dies trifft für das Fließverhalten der sogenannten viskoelastischen Kunststoffschmelzen nicht mehr zu (16, 17), da sie aus langen und geometrisch miteinander verhakten Kettenmolekülen aufgebaut sind (Bild 6.6). Bei einer mechanischen Beanspruchung werden zunächst einzelne Moleküle oder Untereinheiten von Kettenmolekülen ihre Gestalt ändern. Dies bedingt Abweichungen von der statistischen Knäuelgestalt. Da dies einem thermodynamisch ungünstigen Zustand entspricht, wird nach Abschalten der Kräfte die Deformation zurückgehen (18, 19). Man muß also offensichtlich mit einem elastischen Anteil der Deformation rechnen, wobei die elastische Deformation und Rückdeformation im allgemeinen eine zeitunabhängige (ideal elastische) und eine zeitabhängige (anelastische) Komponente besitzen wird (Bild 6.8). Dabei kann die zeitabhän-

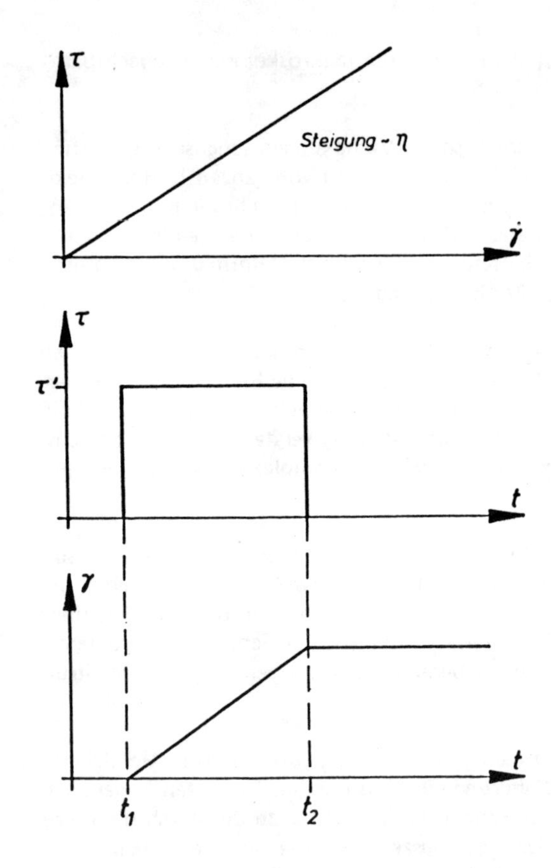

Bild 6.7: Newtonsches Fließverhalten (schematisch)

gige Komponente durch eine Zeitkonstante charakterisiert sein, die lang gegenüber der Verarbeitungszeit ist. Dann treten z.B. Orientierungen in den über Extrusion oder Spritzguß gefertigten Formteilen auf, was nicht immer erwünscht ist.

Die Deformation wird ferner eine plastische Komponente aufweisen, die durch gegenseitiges Abgleiten von Ketten bedingt wird. Dies ist kein einfacher Prozeß, da die Ketten stark miteinander verfilzt sind. Es ist offensichtlich, daß gestrecktere Ketten, die weniger Verhakungen auszubilden vermögen, das plastische Fließen erleichtern. Ferner ist jede Vorbehandlung der Schmelzen, die zu einer Verminderung der Anzahl der Verschlaufungen führt, günstig für das Auftreten plastischer Deformationsprozesse. Ein möglicher Weg besteht in einer starken Dehnung der Schmelze unmittelbar vor der eigentlichen Extrusions- oder Spritzgußverarbeitung.

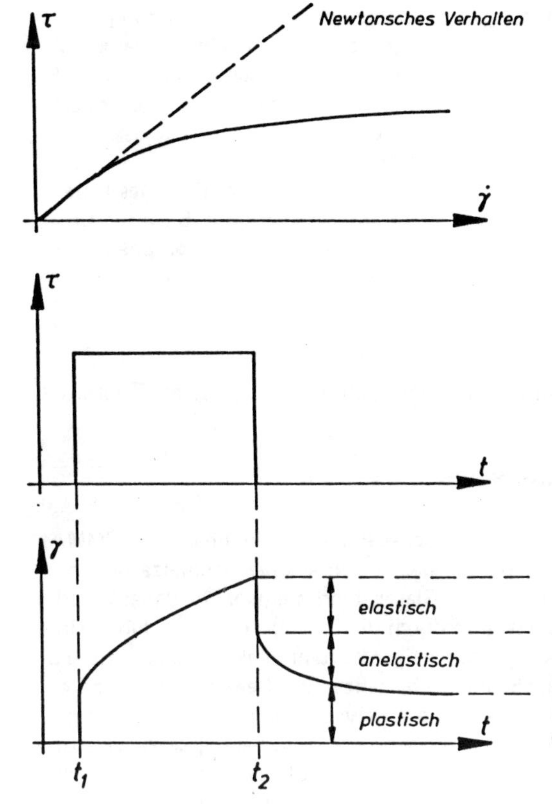

Bild 6.8:
Deformationsverhalten eines viskoelastischen Materials (schematisch)

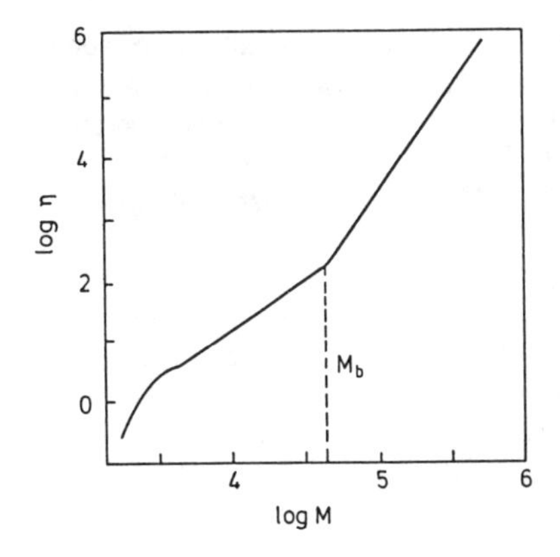

Bild 6.9:
Variation der Schmelzeviskosität mit dem Molekulargewicht

Das Auftreten von Normalspannungen zusätzlich zu den Scherspannungen, die Abhängigkeit der Viskosität vom Molekulargewicht, wie in Bild 6.9 dargestellt (20), oder die Abhängigkeit der Viskosität von der Schergeschwindigkeit (Strukturviskosität) lassen sich unmittelbar auf das Basis der Struktur und molekularer dynamischer Eigenschaften der Schmelze verstehen.

Da dies in analoger Weise auch für die rheologischen Eigenschaften des festen Zustands zutrifft, sollen im folgenden wiederum zunächst die Struktur und molekulare dynamische Eigenschaften des festen Zustandes besprochen werden, bevor die Festkörperrheologie behandelt wird.

6.3 Strukturelle und dynamische Eigenschaften des festen Zustands

6.3.1 Glasig erstarrende Kunststoffe

Eine Vielzahl von Kunststoffen wie ataktisches Polymethylmethacrylat (PMMA) oder Polystyrol bzw. Polycarbonat (PC) lassen sich aus der Schmelze in den Glaszustand abkühlen. Die Struktur des Glaszustandes entspricht dabei in jeder Beziehung der der Schmelze. Sie ist also durch die Existenz einander durchdringender und miteinander verhakter knäuelartiger Kettenmoleküle charakterisiert. Der wesentliche Unterschied zur Schmelze besteht in der Beweglichkeit der Kettenmoleküle und ihrer Untereinheiten. Diese Beweglichkeit wird in der Umgebung der Glastemperatur um mehrere Größenordnungen herabgesetzt, was zur Ausbildung des festen Glaszustandes führt (14, 15, 20). Dies bedeutet jedoch nicht, daß nicht noch molekulare Umlagerungen in diesem Zustand stattfinden können. Sie laufen nur sehr viel langsamer ab, zumindest bei der Einwirkung geringer Kräfte.

Unter der Einwirkung höherer Kräfte lassen sich solche Stoffe allerdings auch in einem Kurzzeitexperiment verformen. So kann Polycarbonat durchaus bei Zimmertemperatur, z.B. unter der Einwirkung von Druck oder einer Zugspannung im Zeitbereich von Sekunden eine Verformung von mehreren 100 % aufweisen. Das Verformungsverhalten ist in Bild 6.10 für diese beiden Fälle gezeigt.

Im Vergleich zur Verformung im Schmelzezustand sind die erforderlichen Kräfte groß. Beim Abschalten der Verformungskräfte tritt eine partielle Rückverformung auf, die durch die elastische Verformung der Struktureinheiten der Kettenmoleküle bestimmt ist. Die durch die Verformung induzierte Kettenorientierung, die bei der Schmelzeverarbeitung partiell oder vollständig relaxiert, bleibt jedoch nach der Deformation im festen Zustand weitgehend erhalten. Dies ist aus zwei Gründen von Bedeutung. Erstens sorgt eine Orientierung für ei-

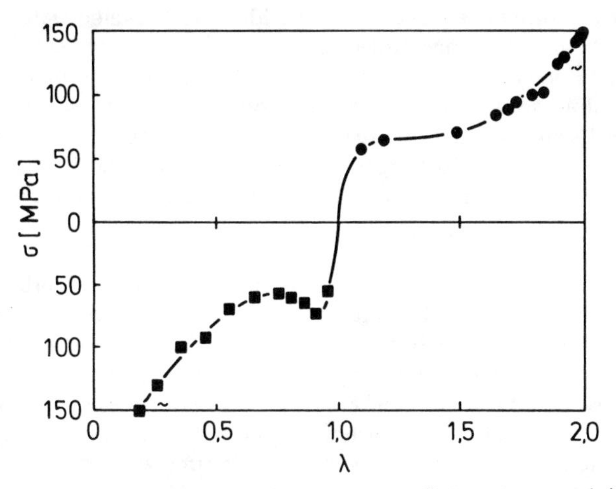

Bild 6.10: Spannungs-Dehnungs-Verhalten von Polycarbonat. (●) Dehnung, (■) Kompression

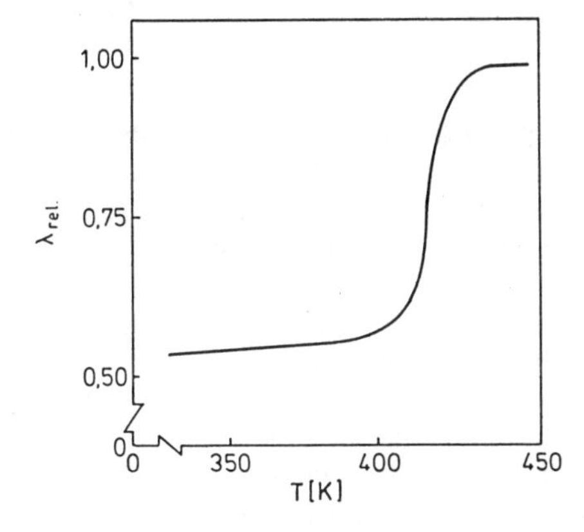

Bild 6.11:
Thermisch induzierte Rückverformung von Polycarbonat

Verbesserung mechanischer Eigenschaften in Richtung der Orientierungsachse. Dies ist ein erwünschter Effekt bei der Kaltverformung. Zweitens führt diese Orientierung aber, zumindest bei erhöhter Temperatur, zu einer langsamen Schwindung bzw. Verwerfung, was natürlich unerwünscht ist. Diese Schwindung isti in Bild 6.11 für den Fall des Polycarbonats als Funktion der Temperatur dargestellt (21).

Glasig erstarrte Kunststoffe neigen zur Ausbildung von lokalen Deformationszonen, wie z.B. von Scherzonen oder von sogenannten Crazes (22). Es handelt sich hierbei um Zonen, in denen über eine plastische lokale Deformation mikroskopische Hohlräume und faserartige Verbindungsstege nebeneinander entstehen. Dies wird sich naturgemäß negativ auf die mechanischen Eigenschaften des Formteils auswirken. Kunststoffe neigen in unterschiedlicher Weise zur Ausbildung von Crazes und dies spielt natürlich bei der Materialauswahl eine Rolle.

In der Einleitung wurde darauf hingewiesen, daß allgemein die Vorbehandlung des Materials, die sich z.B. in Strukturveränderungen niederschlägt, einen Einfluß auf die Verformbarkeit haben kann. Dies gilt auch bei den amorphen Kunststoffen. Hier spielt die sogenannte physikalische Alterung eine Rolle. Sie zeigt sich unmittelbar in einer langsamen Zunahme der Dichte des glasig erstarrten Kunststoffes, wobei sich diese Zunahme im Prinzip über einen unbegrenzten Zeitraum erstreckt. Sie läuft mit zunehmender Alterungszeit jedoch immer langsamer ab. Die Alterung wirkt sich recht deutlich im Verformungsverhalten aus. Auch duktile, glasig erstarrte Kunststoffe können infolge dieser Alterungsprozesse spröde werden. So kann es in Problemfällen ratsam sein, das Halbzeug für eine Kaltverformung erst unmittelbar vor der Verformung herzustellen, oder es vorher kurz über die Glastemperatur zu heizen.

6.3.2 Der teilkristalline Zustand

Die weitaus größte Anzahl der kommerziell erhältlichen Kunststoffe geht beim Abkühlen in den teilkristallinen Zustand über. Beispiele hierfür sind das Polyethylen, das Polyproplyen, die Polyamide oder das Polyoxymethylen. Für die Struktur des teilkristallinen Zustandes ist bekannt, daß die Gestalt der Kettenmoleküle großräumig identisch mit der in der Schmelze ist (23). Es liegt eine statistische Knäuelgestalt vor, wobei das Knäuel, wie in Bild 6.12 gezeigt, mehrere kristalline und ungeordnete amorphe Bereiche durchläuft.

In den kristallinen Bereichen treten keine Verhakungen auf, wohl aber in den dazwischen liegenden amorphen Bereichen. Die Anordnung der amorphen und kristallinen Bereichen – die Morphologie – kann je nach Kunststoff und je nach Vorbehandlung sehr unterschiedlich sein. So ist die Morphologie von Fasern (Bild 6.13) deutlich unterschiedlich von der von isotropen Proben oder von gewalzten Proben. Die wesentlichen Mechanismen, die eine Festkörperverformung zulassen, sind jedoch in allen Fällen ähnlich.

Charakteristische molekulare Verformungsmechanismen sind das Drehen von Kristallen, das Herausziehen einzelner Ketten aus dem Kristallverbund, Abgleiten von Ebenen in den kristallinen Bereichen, was wegen der Abwesenheit von

a) Schmelze

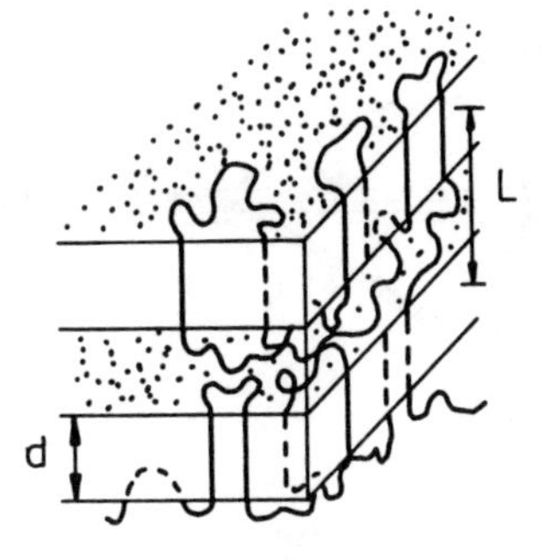

d = Lamellenhöhe

L = Langperiode

Bild 6.12: Erstarrungsmodell für die Kristallisation (links: Knäuel in der Schmelze, rechts: Knäuel im teilkristallinen Zustand)

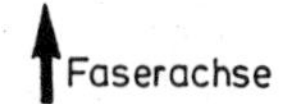

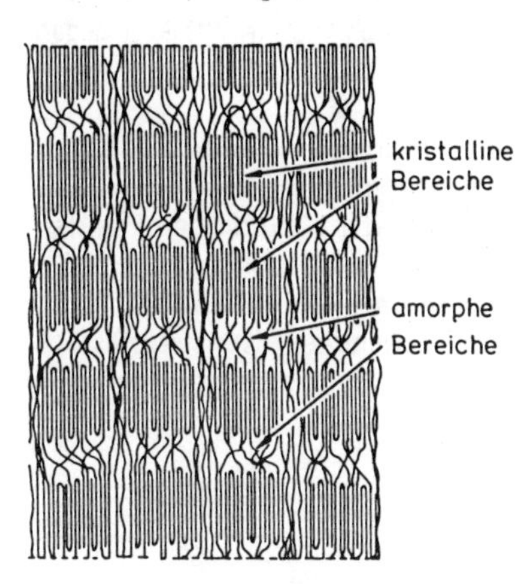

Bild 6.13:
Morphologie einer Faser (schematisch)

Verhakungen in den Kristallen erleichtert wird, das Auffädeln von ganzen Kristallen und der Überführung in einen neuen kristallinen Zustand (Bild 6.14), aber auch der Kettenbruch in den amorphen Bereichen zwischen den kristallinen Bereichen (2, 13, 23).

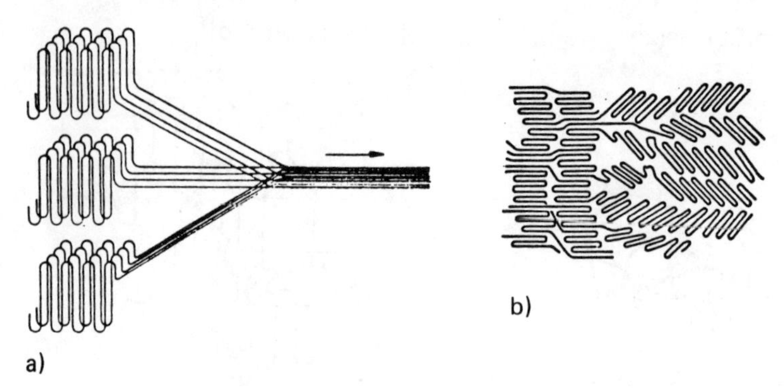

Bild 6.14: Deformationsprozesse auf molekularer Ebene. a) Umfaltungsprozesse; b) Kettenkippung und Kettengleitung

Die oben beschriebenen Verformungsmechanismen sind vorrangig dadurch gekennzeichnet, daß sie – im Vergleich zu den Verformungsmechanismen im glasig erstarrten Zustand – zu einer hohen Deformation führen können, was sich positiv auf die mechanischen Eigenschaften auswirkt, und daß sie eine geringere Tendenz zur Rückverformung nach Abschalten der Verformungskräfte aufweisen. Dies wirkt sich positiv hinsichtlich der Schwindung und einer Verwerfung aus. Im Prinzip werden sich also teilkristalline Kunststoffe besser für eine Kaltverformung eignen als glasig erstarrte Kunststoffe. Auch die Anfälligkeit gegenüber einer Crazebildung ist geringer.

Teilkristalline Kunststoffe haben weiterhin den Vorteil, daß sich durch geeignete Vorbehandlung ihre Struktur und damit ihre Verformungseigenschaften in einem weiten Rahmen variieren lassen. Dies wurde bereits weiter oben für den Fall des Polypropylens erwähnt und ist in der Literatur ausreichend dokumentiert. Die Zugabe von Nukleationsmitteln (24), das Tempern im festen teilkristallinen Zustand, die Variation des Molekulargewichtes des verwendeten Kunststoffes oder die Variation des Nachdrucks bei der Herstellung des Halbzeugs sind nur einige der Möglichkeiten zur Erzeugung optimaler Ausgangsprodukte für eine Kaltverformung.

6.4 Auswahlkriterien

Die im folgenden diskutierten Auswahlkriterien berücksichtigen naturgemäß nicht das jeweils gewünschte Einsatzgebiet des zu fertigen Formteils und die dafür erforderlichen Eigenschaften. Dies muß dem Anwender überlassen bleiben.

Die Auswahlkriterien beziehen sich allein auf das Kaltverformungsverhalten dieser Kunststoffe.

Bei der Auswahl der Werkstoffe, die sich für eine Kaltumformung eignen, muß bedacht werden, welche plastischen und elastischen Deformationsanteile für den jeweiligen Kunststoff charakteristisch sind. Diese Anteile wirken sich unterschiedlich hinsichtlich der Kaltverformung aus.

Die gesamte mögliche Deformation legt fest, wie groß die maximale Verformung bei der Herstellung überhaupt sein darf. Eine zu kleine Verformbarkeit kann dazu führen, daß z.B. Rippen oder Zähne an einem Formteil nicht mehr ausgefüllt werden oder aber daß das Material, welches in diese Vorsprünge geflossen ist, mechanisch bereits geschädigt ist.

Die zeitunabhängige ideal elastische Komponente der Deformation legt fest, wie groß die unmittelbare Rückverformung nach dem Entfernen der Formgebungskräfte ist. Eine zunehmende elastische Komponente der Deformation führt zu einer zunehmenden Differenz zwischen der Formteildimension und der Formdimension. Dabei muß beachtet werden, daß der prozentuale Anteil der elastischen Deformation an der Gesamtdeformation durchaus von dem Betrag der Gesamtdeformation abhängen kann.

Die zeitabhängige elastische (anelastische) Deformation, die durch die weiter oben besprochenen Gestaltsänderungen der Kettenmoleküle und eingefrorenen Orientierungen bestimmt wird, ist verantwortlich für die nachwirkende langsame Schwindung des Formteils und möglicherweise für Verwerfungen nach Beendigung der Verformung und während des Einsatzes des Formteils. Diese Komponente kontrolliert auch in starkem Maße die Temperaturabhängigkeit der Formteildimensionen, bedingt durch die Temperaturabhängigkeit der Schwindungsprozesse (siehe Bild 6.11). Diese Komponente darf natürlich im allgemeinen nicht vollständig unterdrückt werden, da sie eine Orientierung und Streckung von Kettenmolekülen verursacht, was zu einer Verbesserung der Härte, der Steifigkeit und der Fertigkeit des kaltverformten Werkstoffes führen kann.

Die plastische Deformationskomponente schließlich ist für das Ausmaß der bleibenden Verformung des Festkörpers verantwortlich. Sie sollte möglichst groß sein, damit Formteile unterschiedlicher Gestalt, z.B. auch charakterisiert durch unterschiedliche Vertiefungen und Vorsprünge, ausgehend von einfachen Halbzeugen gefertigt werden können.

Informationen über die unterschiedlichen Anteile der Deformation sind ganz offensichtlich unentbehrlich für die Beurteilung der Kaltverformbarkeit eines Kunststoffes. Diese Informationen lassen sich auf unterschiedlichen Wegen gewinnen, von denen zwei besprochen werden sollen.

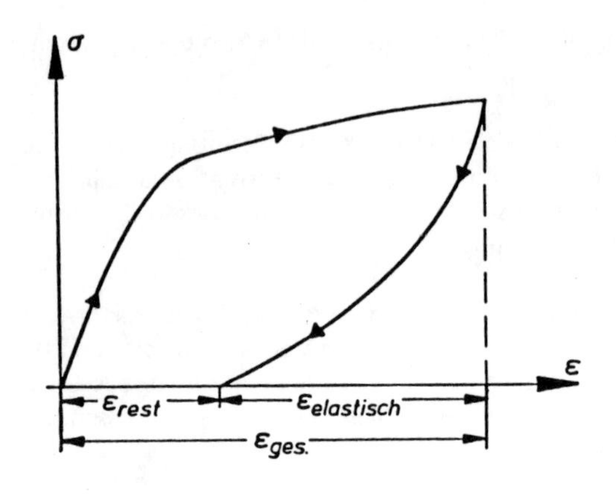

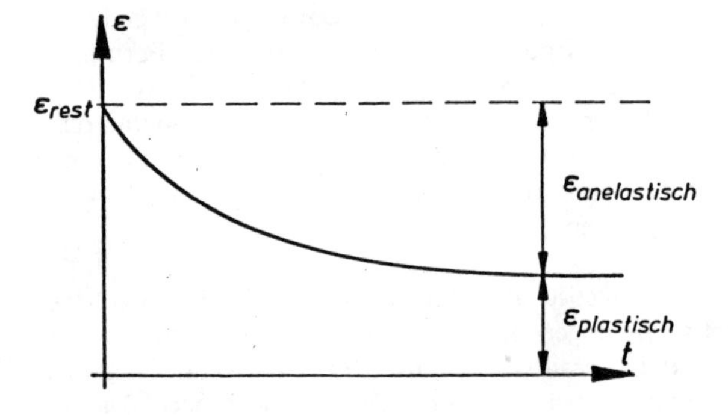

Bild 6.15:
Zyklische Spannungs-Dehnungs-Experimente (schematisch)

Ausgehend von Spannungs-Dehnungs-Experimenten, die zyklisch durchgeführt werden, wie es in Bild 6.15 schematisch gezeigt ist, lassen sich sowohl die unterschiedlichen Anteile der Deformation für verschiedene Enddehnungen gewinnen als auch die zugeordneten Deformationsenergien.

Diese könnten z.B. für eine Abschätzung der Wirtschaftlichkeit herangezogen werden, aber auch für eine Abschätzung der infolge der Verformung auftretenden Wärmeeffekte. Für zwei Beispiele, nämlich für hochorientiertes, teilkristallines Polyamid 6 (25) und für eine Mischung aus Polyoxymethylen und Polyehtylen (26) werden in den Abb. 6.16–6.20, wenn auch für relativ kleine Dehnungen, einige Ergebnisse solcher Untersuchungen gezeigt.

Es wird deutlich, daß sich die einzelnen Kunststoffe durchaus unterschiedlich hinsichtlich der Anteile der verschiedenen Deformationsprozesse verhalten. So weist Polyethylen z.B. einen hohen Anteil der zeitlich verzögerten elastischen (anelastischen) Komponente, Polyoxymethylen dagegen der reinen elastischen Komponente sowie der plastischen Komponente auf. Es wird auch deutlich, daß

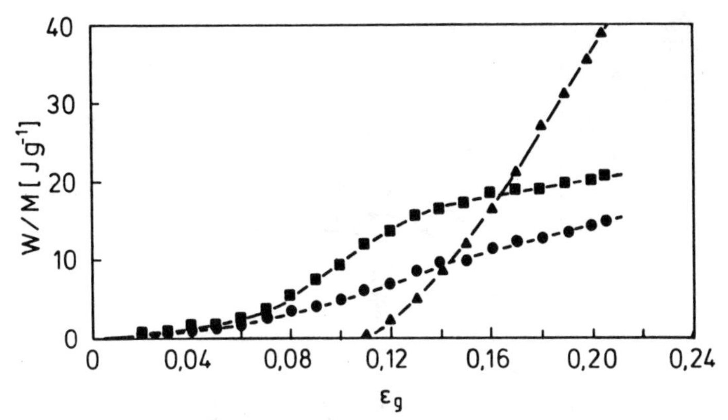

Bild 6.16: Komponenten der Deformtionsenergie bei der Dehnung einer Polyamid-6 Faser (▲ plastische, ■ elastische und ● anelastische Komponente)

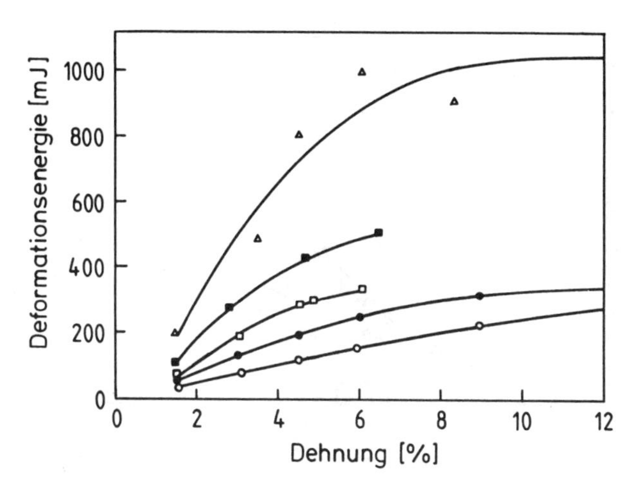

Bild 6.17: Elastische Komponente der Deformationsenergie für PE/POM (Polyoxymethylen) Mischungen. Angaben in Gew% PE in der Mischung: (△) 0, (■) 25, (□) 50, (●) 75, (○) 100

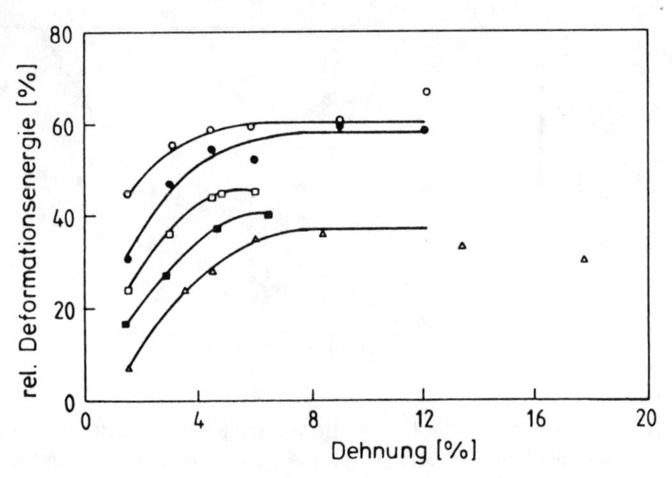

Bild 6.18: Anelastische Komponente der Deformationsenergie für PE/POM-Mischungen. Angaben in Gew./ PE in der Mischung: (△) 0, (■) 25, (□) 50, (●) 75, (○) 100

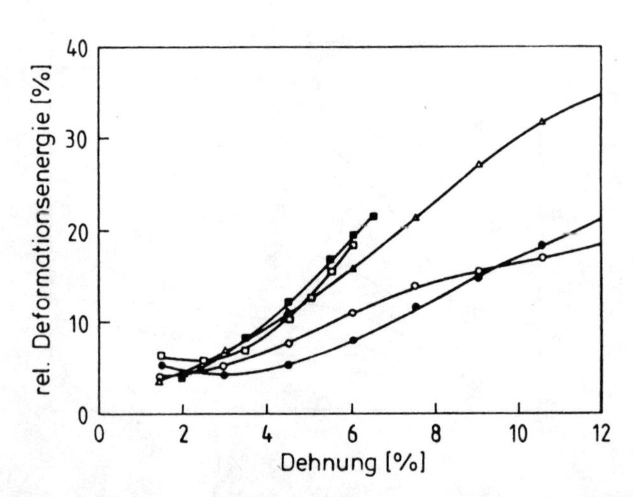

Bild 6.19: Plastische Komponente der Deformationsenergie für PE/POM-Mischungen. Angaben in Gew% PE: (△) 0, (■) 25, (□) 50, (●) 75, (○) 100

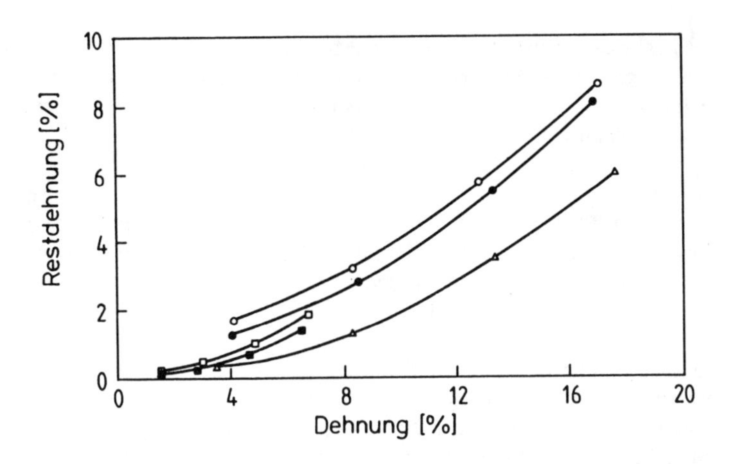

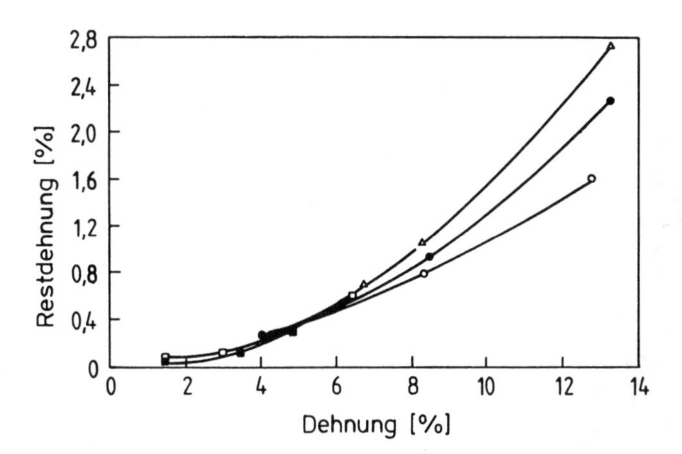

Bild 6.20: Restdehnung als Funktion der Maximaldehnung für PE/POM-Mischungen. oben: sofort nach der Entlastung; unten: 1 Monat nach der Entlastung. Angaben in Gew% PE: (△) 0, (■) 25, (□) 50, (●) 75, (○) 100

z.B. die Kaltverformung von Kunststoff-Mischungen durchaus interessante Perspektiven eröffnen kann.

Der Vorteil des bisher beschriebenen Auswahlverfahrens zur Abschätzung der Kaltverformbarkeit liegt darin begründet, daß in der Literatur Daten hierzu zu finden sind, und zwar nicht nur für eine einachsige Zugbelastung, sondern auch für mehrachsige Dehnungs- oder Druckbelastungen. Der Nachteil dieses Auswahlverfahrens ist andererseits, daß die zugrundeliegenden Deformationen möglicherweise nicht exakt denen entsprechen, die bei der Kaltverformung zum Tragen kommen.

Es kann daher sinnvoll sein, Untersuchungen zur Kaltverformung an geeignet, aber einfachen Probekörpern durchzuführen, wobei das entsprechende Verformungswerkzeug so konstruiert sein sollte, daß mit ihm unterschiedliche Formteile näherungsweise simuliert werden können. Einfache Beispiele sind in den Bildern 6.21 und 6.22 dargestellt (27).

Bei der Auswahl ist zu beachten, daß die grundsätzlich auftretenden Besonderheiten der projektierten Bauteile, wie Rippen, Zähne, Vertiefungen, simulierbar sein sollten. Dies kann z.B. über die Verwendung geeigneter Einsätze im Verformungswerkzeug geschehen. Unterschiedliche Umformgrade sollten realisierbar sein und die im projektierten Teil maximal auftretenden Verformungsgrade soll-

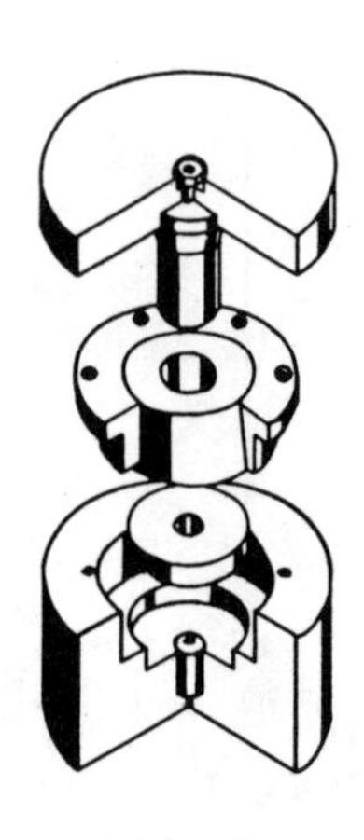

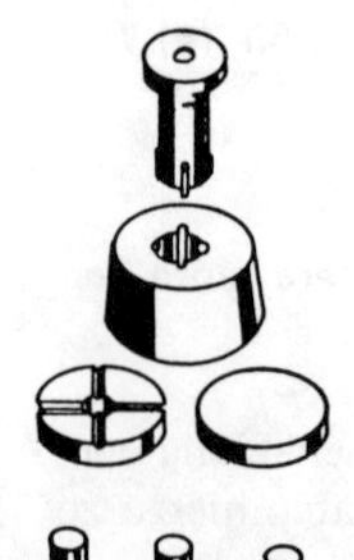

Bild 6.21: Vorschlag für ein für die Umformung geeignetes Werkzeug mit unterschiedlichen Einsätzen (s. unten)

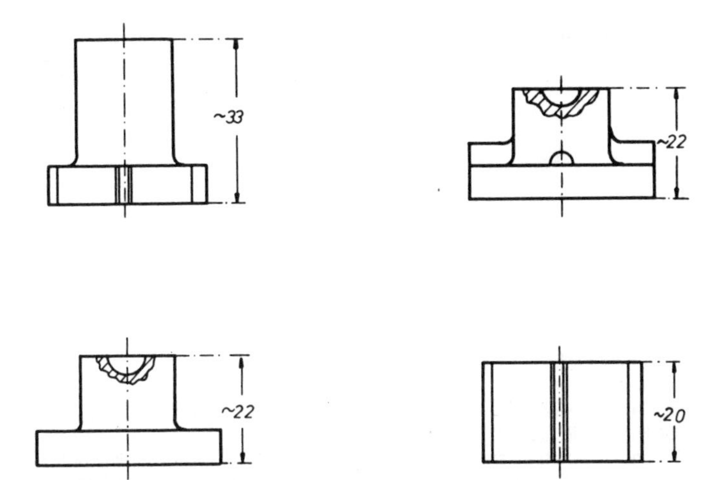

Bild 6.22: Vorschläge für geeignete Probekörper für Untersuchungen zur Umformbarkeit

ten simulierbar sein. Ferner sollte die Möglichkeit vorgesehen werden, daß das Halbzeug nicht nur bei Raumtemperatur, sondern auch bei erhöhter Temperatur verformt werden kann.

6.5 Ausblick

Es ist deutlich geworden, daß es beim heutigen Stand der Kenntnis nicht möglich ist, Patentrezepte für die Auswahl von Kunststoffen, die sich für eine Festkörperverformung eignen, oder für die Auswahl der optimalen Verarbeitungsparameter anzugeben. Im vorliegenden Beitrag sollte aufgezeigt werden, wie sich aus der Kenntnis molekularer struktureller und dynamischer Eigenschaften von Kunststoffen heraus zumindest grobe Kriterien für eine Auswahl geeigneter Kunststoffe und geeigneter Verarbeitungsparameter ableiten lassen. Ferner sollte deutlich gemacht werden, auf welche Weise sich indirekte Hinweise auf die Eignung von Kunststoffen für eine Festkörperdeformation erhalten lassen. Die Verarbeitung von Kunststoffen im festen Zustand ist zweifelsohne zukunftsträchtig, erfordert jedoch noch die Unterstützung durch eine Fülle detaillierter Untersuchungen.

Literaturverzeichnis

Kapitel 2

1) R. Vieweg, D. Braun (Hrsg.), Kunststoff-Handbuch, Band 1, Carl Hanser Verlag, München 1975
2) Das Umformen von Halbzeug aus thermoplastischen Kunststoffen – Grundlagen –, VDI-Richtlinie VDI 2008 Blatt 1, Mai 1967
3) A. Höger, Warmformen von Kunststoffen, Carl Hanser Verlag, München 1971
4) G. Schreyer, Konstruieren mit Kunststoffen, Teil 1, Carl Hanser Verlag, München 1972
5) W. Merz, Technologie des Tiefziehens, in: Jahrbuch 1980, VDI-Gesellschaft Kunststofftechnik, VDI-Verlag, Düsseldorf 1981
6) H. Voigt, Lehrgang für Thermoformung, Kursunterlage der Paul Kiefel GmbH, Freilassing
7) Autorenkollektiv, Extrudieren und Tiefziehen von Packmitteln, VDI-Verlag, Düsseldorf 1980
8) TT-Preis '83, Broschüre des Fachverbandes Technische Teile im GKV, Frankfurt 1983
9) J. Rothe, Warmformmaschinen, Kunststoffe 73 (1983) 12, 755–757

Kapitel 3

(zitiert)

1) K. Bielefeldt: Das Umformen von Thermoplasten im festen Zustand. Habilitationsschrift. Karl-Marx-Stadt 1984
2) H. Bühler, E. von Finckenstein: Werkstatt-Technik 59 (1969) 569
3) P.M. Coffman: Metal Forming 36 (1969) 3
4) H. Kaufmann: Kunststoffe 59 (1969) 677
5) P.M. Coffman: Modern Plastics 46 (1969) 82
6) T. Maeda: Jap. Plast. Age 10 (1972) 7,37 / 8,65 / 9,35 / 10,35
7) B. Olachowski: Persönliche Mitteilungen
8) H. Käufer, A. Burr: Kunststoffe 72 (1982) 402
9) T. Nakayama, N. Inoue: Bull. Jap. Soc. Mech. Eng. 20 (1974) 144
10) P. Kristukat: Verhalten von teilkristallinen Thermoplasten beim Pressrecken und dabei erreichbare Eigenschaften am Beispiel von POM. Dissertation Berlin 1980
11) H. Käufer, G. Arnold: Kunststoffe 67 (1977) 457
12) P.M. Coffman: Mat. Eng. 67 (1968) 74
13) K. Bielefeldt, T. Wojciechowski: Plaste & Kautschuk 29 (1982) 95

Literatur (allgemein, ab 1975)

1) wie oben 1)
2) G. Gentzsch: Kaltumformen, Ausschneiden und Trennen von Kunststoffhalbzeugen. Teil 1: Übersichtsbericht, Teil 2: Fachbibliographie. VDI-Verlag, Düsseldorf 1973
3) H. Käufer: Arbeiten mit Kunststoffen. Springer-Verlag, Berlin u.a. 1981
4) I.M. Ward: Mechanical Properties of Solid Polymers. Wiley & Sons, London u.a. 1971
5) G.W. Halldin, Y.C. Lo: Solid phase flow behavior of polymers. Polym. Eng. Sci. 25 (1985) 323
6) A. Burr: Spritzgieß-Preßrecken thermoplastischer Formteile am Beispiel von Formteilen aus POM. TU Berlin, Schriftenreihe Kunststoff-Forschung, Heft 10, 1983
7) D.M. Bigg, E.G. Smith, R.J. Fiorentino, M.M. Epstein: Properties of uniaxially oriented HDPE tape produced by solid state rolling. Polym. Proc. Eng. 1 (1984) 309
8) V.K. Stokes, H.F. Nied: Solid phase sheet forming of thermoplastics. Part I. Mechanical behavior of thermoplastics to yield. General Electric Company, Report No. 84 CRD 215, Technical Information Series (1984) 1
9) R.K. Okine, N.P. Suh: Prediction of strain recovery during solid state forming of thermoplastics. Polym. Eng. Sci. 23 (1983) 61
10) K. Bielefeldt, J. Walkowiak, T. Wojciechowski: Gewindeformung aus Thermoplastrundstäben durch Kaltrollen. Plaste & Kautschuk 29 (1982) 702
11) L.B. Ryder: Solid phase forming for profit. Plastics Engineering 37 (1981) 17
12) R.K. Okine, N.P. Suh: Solid phase backward extrusion of thermoplastics. Polym. Eng. Sci. 22 (1982) 269
13) G.W. Halldin, Y.C. Lo: Analysis of the solid phase forming of semicrystalline polymers. J. Rheol. 26 (1982) 80
14) V.J. Dhingra, J.E. Spriuell, E.S. Clarc: The relationship between mechanical properties and structure in rolled PP. Polym. Eng. Sci. 21 (1981) 1063
15) B.S. Thakkar, L.J. Broutman, S. Kalpakjian: Impact strength of polymers. 2. The effect of cold working and residual stress in PC. Polym. Eng. Sci. 20 (1980) 756
16) B.S. Thakkar, L.J. Broutman: Impact strength of polymers. 3. The effect of annealing on cold worked PC. Polym. Eng. Sci. 21 (1981) 155
17) K. Vihari, S. Kumar: Cold ring rolling of a polymer. Int. J. Mach. Tool Des. Res. 20 (1980) 97
18) J. Bongardt: Werkstoffeinfluß auf das Kaltumformen von Platten. Plaste & Kautschuk 27 (1980) 438
19) K. Bielefeldt: Hochgeschwindigkeitskaltverformung von Thermoplasten. Plaste & Kautschuk 27 (1980) 267
20) H. Käufer, P. Kristukat: Verhalten von teilkristallinen Thermoplasten beim Preßrecken und erreichbare Eigenschaften am Beispiel von POM. Kunststoffe 70 (1980) 202
21) K. Bielefeldt: Kaltverformen von Thermoplasten durch Taumelpressen. Kunststoffe 70 (1980) 198
22) J.M. Beijen: Solid phase pressure forming process for thinwalled PP containers. Plast. Rubb. Processing 4 (1979) 66
23) K.M. Kulkarni: Review of forging, stamping, and other solid phase forming processes. Polym. Eng. Sci. 19 (1979) 474
24) P.R. Kelly: PP enters container markets with high speed solid phase forming. Modern Plastics International 8 (1978) 62
25) (Anonym) Production of thermoplastic components without heat. Plast. Rubb. Int. 3 (1978) 109
26) (Anonym) Kunststoff-Verbindungselemente spritzgegossen und kaltgeformt. Maschinenmarkt Industriejournal 83 (1977) 1201

27) W. Ziegler: Thermische Belastungsgrenze beim Kaltformen von Kunststoffen. Kunststoffe 67 (1977) 95
28) L.J. Broutman: Polymer property enhancement by solid state forming. Polym. Eng. Sci. 15 (1975) 235

Kapitel 4

1 H. Käufer: Arbeiten mit Kunststoffen. Bde. 1, 2. Springer-Verlag, Berlin, Heidelberg, New York, 1978
2 H.G. Fritz: Kunststoffe 68 (1978) 450
3 M. Buck und G. Schreyer: Kunststoffe 60 (1970) 236
4 B.-J. Jungnickel: Kunststoffe 73 (1983) 606
5 P.S. Hope, A.G. Gibson und I.M. Ward: J. Polym. Sci. 18 (1980) 1243
6 L.S. Broutman und S. Kapakjian: SPE-Journal 25 (1969) 46
7 M. Abrahams, C.E. Spedding und N.B. Marsh: Plast & Polym. (1970) 4, 124
8 L.H. Ryder und N.J. Whippany: Plast. Eng. 37 (1981) 17
9 E.v. Finkenstein: Metall 24 (1970) 340
10 H.G. Adelhard: Hochfeste Schrauben aus glasfaserverstärktem Kunststoff. Drahtwelt 1/79. Vogel-Verlag, Würzburg, 1979
11 P. Kristukat: Verhalten von teilkristallinen Thermoplasten beim Preßrecken und dabei erreichbare Eigenschaften am Beispiel von POM. Dissertation, TU Berlin, 1980
12 G. Arnold: Preßrecken zum Einbringen orientierter Bereiche fürKonstruktionsteile aus POM. Kunststoff-Forschung, Band 3. TU Berlin, 1980
13 L. Rautenberg: Walzgereckte Thermoplastplatten, ihre Technologie, Eigenschaften und Strukturen. Kunststoff-Forschung, Band 9. TU Berlin, 1982
14 A. Burr: Spritzgießpreßrecken thermoplastischer Formteile am Beispiel von Zahnrädern aus POM. Kunststoff-Forschung, Band 10. TU Berlin, 1983
15 A. Naranjo: Abkühlbeschreibung bei Thermoplasten im Spritzgießprozeß durch Kombinierung experimenteller und rechnerischer Methoden in Fortran IV. Kunststoff-Forschung, Band 8. TU Berlin, 1981
16 K.-H. Leyrer: Untersuchung und Optimierung des Herstellvorganges von spritzgießpreßgereckten Zahnrädern durch gezielte Variation der Verarbeitungsparameter. Diplomarbeit TU Berlin, 1985
17 DIN-Normen 18352, 863, 3960–3963
18 G. Menges: Kalkulation der Fertigungskosten von Spritzgießteilen. Umdruck. RWTH und IKV Aachen, 1982
19 T. Rausenbach: Kostenoptimierung konstruktiver Lösungen. VDI-Verlag, Düsseldorf, 1978
20 J. Jahnke: Fertigung, Prüfung und Optimierung eines multifunktionellen, in Teilbereichen hochfesten Teils aus POM. Diplomarbeit TU Berlin, 1985

Kapitel 5

(zitiert)

1) A. Buckley, H.A. Long: Polym. Eng. Sci. 9 (1969) 115
2) D.M. Bigg, M.M. Epstein, R.J. Fiorentino, E.G. Smith: J. Appl. Polym. Sci. 26 (1981) 395
3) K. Tashiro, M. Kobayashi, H. Tadokoro: Macromolecules 11 (1978) 914
4) A.H. Windle: Plast. Rubb. Int. 9 (1984) 4, 16
5) M.H. Lafitte, A.R. Bunsell: J. Mat. Sci. 17 (1982) 2391
6) J.R. Schaefgen, T.I. Bair, J.W. Ballou, S.L. Kwolek, P.W. Morgan, M. Panar, J. Zimmerman: Rigid Chain Polymers: Properties of Solutions and Fibres. In: Ultra-High Modulus Polymers. (Ed.: A. Cifferi, I.M. Ward), Chapter 6, p. 173. Appl. Sci. Publ., London 1977
7) G.S. Fielding-Russell: Text. Res. J. 41 (1971) 861
8) M.P. Nosov, V.A. Smirnova: Acta Polym. 34 (1983) 434
9) A. Keller, P.J. Barham: Plast. Rubb. Int. 6 (1981) 1, 19
10) T. Ohta: Polym. Eng. Sci. 23 (1983) 697
11) R. Gupta, P.G. McCormick: J. Mat. Sci. 15 (1980) 619
12) J.A. Sauer, K.D. Pae: Coll. Polym. Sci. 252 (1974) 680
13) W.G. Perkins, R.S. Porter: J. Mat. Sci. 17 (1982) 1700
14) P.D. Coates, I.M. Ward: Polymer 20 (1979) 1553
15) R. Hill: The Mathematical Theory of Plasticity. Clarendon Press. Oxford, 1950
16) R.M. Cadell, J.W. Kim: Int. J. Mech. Sci. 23 (1981) 99
17) P.D. Coates, A.G. Gibson, I.M. Ward: J. Mat. Sci. 15 (1980) 359
18) P.S. Hope, I.M. Ward, A.G. Gibson: J. Mat. Sci. 15 (1980) 2207
19) I.M. Ward: Angew. Makromol. Chem. 109/110 (1982) 25
20) B.E. Zachariades, W.T. Mead, R.S. Porter: Chem. Rev. 80 (1980) 351
21) B. Wunderlich, T. Arakawa: J. Polym. Sci. A-2 (1964) 3697
22) T.L. Smith: Polym. Eng. Sci. 13 (1973) 161
23) A.E. Zachariades, J. Economy: Polym. Eng. Sci. 23 (1983) 266
24) S. Burgess, D. Greig: J. Phys. C: Solid State Physics 8 (1975) 1637
25) A.E. Zachariades, P.D. Griswold, R.S. Porter: Polym. Eng. Sci. 19 (1979) 441

(allgemein, ab 1975)

1) N. Inoue: Polymers. In: Hydrostatic Extrusion — Theory and Applications (Hrsg.: N. Inoue, M. Nishihara). Chapter 4, p. 333. Elsevier Applied Science Publishers, London, New York 1985
2) A. Cifferi, I.M. Ward (Hrsg.): Ultra-High Modulus Polymers. Applied Science Publishers, London 1979
3) K. Dhawan, P.C. Jain, V.S. Nanda: The effect of solid state extrusion on some physical properties of HDPE. Polym. J. 17 (1985) 577
4) B.J. Sahari, B. Parson, I.M. Ward: The hydrostatic extrusion of linear PE at high temperatures and high pressures. J. Mat. Sci. 20 (1985) 346
5) W. Berger, F. Gräfe, H.W. Kammer: Zur Extrusion von HDPE im festen Zustand. Einfluß von Extrusionsgeschwindigkeit und -temperatur. Acta Polymerica 35 (1984) 504
6) P.S. Hope, B. Brew, I.M. Ward: Hydrostatic extrusion of glass filled POM. Plast. & Rubb. Process. & Appl. 4 (1984) 229
7) A. Richardson, P.S. Hope, I.M. Ward: The production and properties of PVDF rods oriented by drawing through a conical die. J. Polym. Sci., Polym. Phys. Ed. 21 (1983) 2525
8) B. Parsons, I.M. Ward: The production of oriented polymers by hydrostatic extrusion. Plast. & Rubb. Process. & Appl. 2 (1982) 215

9) M. Dröscher, U. Bandara: Extrusion of thermoplastic elastomers in the solid state. Rheol. Acta 21 (1982) 435
10) M. Dröscher: Solid-state extrusion of semicrystalline copolymers. Adv. Polym. Sci. 47 (1982) 119
11) J. Kastelic, P. Hope, I.M. Ward: Hydrostatic extrusion of glass-reinforced and unreinforced Celcon POM. J. Rheol. 26 (1982) 81
12) J. Kastelic, P. Hope, I.M. Ward: Hydrostatic extrusion of Celcon POM. Org. Coat. & Appl. Polym. Sci. Proc. 44 (1981) 290
13) J.R. Pereira, R.S. Porter: The extrusion drawing of PETP. J. Rheol. 26 (1982) 79
14) B. Appelt, R.S. Porter: The multistage ultradrawing of atactic PS by solid-state coextrusion. J. Macromol. Sci., Part B: Physics B20 (1981) 21
15) N. Inoue, T. Nakayama, T. Ariyama: Hydrostatic extrusion of amorphous polymers and properties of extrudates. J. Macromol. Sci., Part B: Physics B19 (1981) 543
16) A.E. Zachariades, R.S. Porter: New developements in solid-state extrusion. J. Macromol. Sci., Part B: Physics B19 (1981) 377
17) W.G. Perkins, R.S. Porter: Solid-state extrusion of PA-11 and PA-12: processing, morphology and properties. J. Mat. Sci. 16 (1981) 1458
18) T. Ariyama, T. Nakayama, N. Inoue: Thermal properties and molecular weights of hydrostatically extruded polymers. Plastics Industry News 26 (1980) 85
19) A.G. Gibson, I.M. Ward: High stiffness polymers by die-drawing. Polym. Eng. Sci. 20 (1980) 1229
20) K. Dhawan, D.R. Chaubey, Y.S. Yadav, P.C. Jain, V.S. Nanda: Effect of solid state extrusion on melting behavior and morphology of HDPE. Polym. J. 12 (1980) 411
21) P.S. Hope, B. Parsons: Manufacture of high stiffness solid rods by hydrostatic extrusion of linear PE. Part I: Influence of processing conditions. Polym. Eng. Sci. 20 (1980) 589
22) P.S. Hope, B. Parsons: Manufacture of high stiffness rods by hydrostatic extrusion of linear PE. Part II: Effect of polymer grade. Polym. Eng. Sci. 20 (1980) 597
23) P.S. Hope, A.G. Gibson, I.M. Ward: Hydrostatic extrusion of linear PE: Effects of extrusion temperature and polymer grade. J. Polym. Sci., Polym. Phys. Ed. 18 (1980) 1243
24) A.E. Zachariades, M.P. Watts, R.S. Porter: Solid state extrusion of ultra high molecular weight PE. Processing and properties. Polym. Eng. Sci. 20 (1980) 555
25) P.S. Hope, A.G. Gibson, I.M. Ward: Hydrostatic extrusion of linear PE in tubular and non-circular sections. Polym. Eng. Sci. 20 (1980) 540
26) T. Kanamoto, A.E. Zachariades, R.S. Porter: Deformation profiles in solid state extrusion of HDPE. J. Rheol. 23 (1979) 409
27) A.E. Zachariades, M.P. Watts, T. Kanamoto, R.S. Porter: Solid state extrusion of poly mer powders illustrated with ultrahigh molecular weight PE. J. Polym. Sci., Polym. Lett. Ed. 17 (1979) 485
28) A.G. Gibson, I.M. Ward: Thermal expansion behaviour of hydrostatically extruded linear PE. J. Mat. Sci. 14 (1979) 1838
29) K. Nakayama, H. Kanetsuna: Hydrostatic extrusion under back pressure of HDPE. J. Appl. Polym. Sci. 23 (1979) 2443
30) P.D. Griswold, A.E. Zachariades, R.S. Porter: Solid state coextrusion: A new technique for ultradrawing of thermoplastics illustrated with HDPE. Polym. Eng. Sci. 18 (1978) 861
31) R. Ball, R.S. Porter: Solid state extrusion of PB-1. J. Polym. Sci., Polym. Lett. Ed. 15 (1977) 519
32) A.G. Gibson, D. Greig, M. Sahota, I.M. Ward, C.L. Choy: Thermal conductivity of ultra-high modulus polymers. J. Polym. Sci., Polym. Lett. Ed. 15 (1977) 183
33) A.G. Kolbeck, D.R. Uhlmann: Processing of semicrystalline polymers by high stress extrusion. J. Polym. Sci., Polym. Phys. Ed. 15 (1977) 27

34) D.M. Bigg: A review of techniques for processing ultra-high modulus polymers. Polym. Eng. Sci. 16 (1976) 725
35) D.E. Newland: Instability in the hydrostatic extrusion of polymers. J. Mat. Sci. 11 (1976) 390
36) S. Bahadur: The effect of cold and hot extrusion on the structure and mechanical properties of PP. J. Mat. Sci. 10 (1975) 1425
37) W.G. Perkins, N.J. Capiati, R.S. Porter: The effect of molecular weight on the physical and mechanical properties of ultradrawn HDPE. Polym. Eng. Sci. 16 (1976) 200

Kapitel 6

1) W. Retting, Kolloid Z.u.Z.Polymere 213 (1966) 69
2) H.H. Kausch: In: Polymer Fracture. Springer Verlag, Heidelberg 1978
3) I.M. Ward. In: Structure and Properties of Oriented Polymers. Wiley-Interscience, London 1952
4) J.D Ferry. In: Viscoelastic Properties of Polymers. Wiley, New York 1970
5) N. Inoue, M. Nishihara (Eds.): Hydrostatic Extrusion-, Theory and Applications. Elsevier Applied Sci. Publ. LTD, 1985
6) R.J. Samuels, J. Polym. Sci. Polym. Phys. Ed. 17 (1979) 535
7) T. Ohta: Polym. Eng. Sci. 23 (1983) 697
8) T. Kunugi, T. Ito, M. Hashimoto, M. Ooiski: J. Appl. Polym. Sci. 28 (1983) 179
9) A.J. Pennings, J. Smook, J. de Boer, S. Gogolewski, P.F. van Hutten: Pure Appl. Chem. 55 (1983) 777
10) M.P. Nosov, V.A. Smirnova: Acta Polymerica 34 (1983) 434
11) A. Zachariades, R.S. Porter. In: The Strength and Stiffness of Polymers. Marcel Dekker Inc. N.Y., 1983
12) J.H. Wendorff: Polymer 21 (1980) 553
13) H.H. Kausch: Pure and Appl. Chem. 55 (1983) 833
14) H.G. Elias: In: Makromoleküle. Hüthig Verlag, Basel, 1975
15) I.M. Voigt Martin, J.H. Wendorff: In: Encycl. Polym. Sci. Eng., 2nd Ed., Seite 789, J. Wiley, New York, 1985
16) R.B. Bird, R.C. Armstrong, O. Hassager: In: Dynamics of Polymeric Liquids. Wiley, New York, 1977
17) A.S. Lodge: In: Elastic Liquids. Academic Press, New York, 1974
18) L.R.G. Treloar: In: The Physics of Rubber Elasticity. Clarendon Press, Oxford, 1975
19) P.J. Flory: In: Statistical Mechanics of Chain Molecules. Interscience Publ., New York, 1969
20) F. Bueche: In: Physical Properties of Polymers. Interscience Publ., New York, 1962
21) K. Bielefeld, B. Jungnickel, J.H. Wendorff: In: Polymer Processing and Properties. G. Astarita, L. Nicolais (Eds.), Plenum Press, New York 1984
22) M. Dettenmeier: Adv. Polym. Sci. 52/53 (1983) 57
23) K. Friederich: Adv. Polym. Sci. 52/53 (1983) 225
24) K.H. Moos, Dissertation, TH Darmstadt, 1982
25) O. Frank, J.H. Wendorff: Colloid Polym. Sci. 259 (1981) 1047
26 A. Pabst: Diplomarbeit, TH Darmstadt, 1985
27 Th. Zöllner: Studienarbeit TH Darmstadt, 1984

Stichwortverzeichnis

Autorenverzeichnis

Priv.-Doz. Dr. rer. nat. habil.
Bernd-Joachim Jungnickel
Deutsches Kunststoff-Institut
Schloßgartenstr. 6 R
6100 Darmstadt

Dr.-Ing. habil. Karol Bielefeldt
Institut für allgemeine Konstruktionslehre und Maschinennutzung
Ingenieurhochschule Zielona Gora
ul. Podgorna 50
PL-65-246 Zielona Gora / POLEN

Prof. Dr.-Ing. Helmut Käufer
Kunststofftechnikum der TU Berlin
Kaiserin-Augusta-Allee 5
1000 Berlin 21

Dipl.-Ing. Karl-Heinz Leyrer
Kunststofftechnikum der TU Berlin
Kaiserin-Augusta-Allee 5
1000 Berlin 21

Prof. Dr.-Ing. Günther Mennig
Deutsches Kunststoff-Institut
Schloßgartenstr. 6 R
6100 Darmstadt

Priv.-Doz. Dr. rer. nat. habil.
Joachim H. Wendorff
Deutsches Kunststoff-Institut
Schloßgartenstr. 6
6100 Darmstadt